AF463681

# FRAGMENTS

DE

# CRITIQUE MÉDICALE

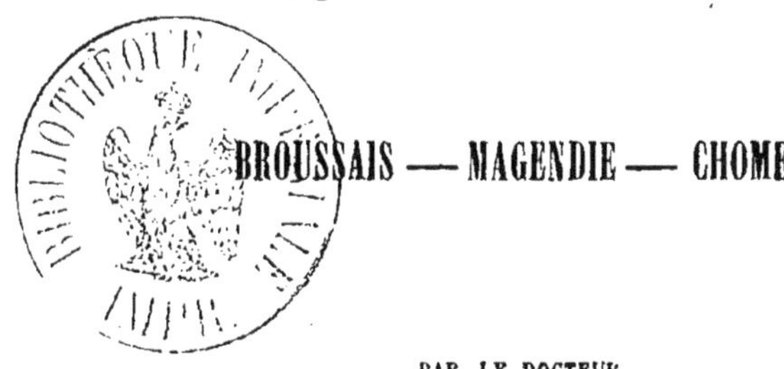

## BROUSSAIS — MAGENDIE — CHOMEL

PAR LE DOCTEUR

**Em. CHAUFFARD**

Agrégé de la Faculté de médecine de Paris, médecin des Hôpitaux.

---

PARIS

LIBRAIRIE GERMER BAILLIÈRE

17, RUE DE L'ÉCOLE-DE-MÉDECINE

1864

Extrait de la Revue des cours scientifiques.

# FRAGMENTS
# DE CRITIQUE MÉDICALE

## BROUSSAIS — MAGENDIE — CHOMEL

« Un système ne peut être totalement compris qu'autant que l'on connaît toutes les conséquences réelles que l'histoire s'est chargée de tirer de ses principes. »

(Cousin, *Introd. à l'hist. de la philos.*)

L'histoire médicale de ce temps offrira aux méditations des générations futures les plus instructives leçons. La succession des faits, les passions et les travaux des hommes s'y montrent en des rapports d'une logique évidente et rigoureuse, à ce point que, des prémisses posées, tout s'y poursuit jusqu'à l'accomplissement des conséquences extrêmes. En face de ces conséquences surgissent certaines réactions destinées à les combattre, et que suscitent les nécessités des choses. Ces réactions, cependant, n'arrêtent ni ne changent, d'une façon durable, le mouvement des esprits. Sur les fluctuations apparentes, sur le conflit des opinions et des préjugés, plane une inspiration commune qui jette l'unité au sein d'éléments qui semblent en lutte, et conduit à des aboutissants identiques ceux qui semblent partir de points opposés. Toutes les agitations et tous les changements dont nous avons été les témoins ont ainsi un lien qui les rassemble, et ne sont que les témoignages divers d'une même philosophie.

Ce mouvement, réglé par une influence supérieure, a suivi bien des directions variées. Ces directions peuvent se ramener à des types définis ; et chacun de ces types s'incarne en des individualités qui les ont conçus fortement, et en sont la représentation vivante. Nous voudrions présenter comme tels trois hommes qui ont exercé une action considérable sur la médecine contemporaine, Broussais, Magendie, Chomel ; nous voudrions montrer rapidement, et par les grands côtés, le caractère de leur œuvre. Les deux premiers ont semblé marcher dans des voies bien différentes ; ils ont cependant poursuivi l'application des mêmes principes généraux ; et, par suite, ont rencontré les mêmes écueils, et sombré, frappés de la même impuissance. Tous les deux ont, avec éclat, justifié cette éternelle vérité que tout vit, que tout marche, que tout aboutit en raison de la doctrine, âme cachée de toute pensée et de toute action. Chomel s'efforça de réagir : mais il éleva avec peine une réaction affaiblie, atteinte par les principes mêmes dont il essayait de surmonter les conséquences. Cette réaction ne pouvait qu'opposer des barrières momentanées au torrent montant des opinions subversives. Ce n'était pas, en effet, à des compromis arbitraires, à des indécisions éclectiques, qu'il fallait en appeler pour vaincre d'audacieuses affirmations et des négations systématiques. Broussais, Magendie, Chomel, traduisent à ceux qui savent lire le secret de leurs œuvres, les étapes diverses et les évolutions d'un même fait, le philosophisme de la sensation appliqué à la médecine : il peut n'être pas sans intérêt de montrer que des efforts dissemblables, et qui souvent se sont combattus, cachaient les mêmes origines, et se trouvaient condamnés à d'inévitables, sinon à de pareilles chutes.

## I.

Les dunes bretonnes ont vu naître presque simultanément trois hommes destinés à agir en sens divers sur les esprits de leur temps. Chateaubriand, Lamennais, Broussais (qui ne l'a remarqué?), entendirent dans leur enfance les mêmes bruits de l'Océan, s'émurent aux mêmes violences de la tempête. Leur intelligence et leurs passions semblent avoir retenu, sans l'oublier jamais, l'accent des premiers échos qui les frappèrent. Ces hommes, dans les milieux différents où ils vécurent, aimèrent les orages, et ne se sentirent à l'aise que dans les luttes qu'ils soulevèrent autour d'eux, ou dans lesquelles il se jetèrent avec tous les emportements de leur bouillante nature. Le travail patient et désintéressé du bruit, la recherche calme du bien et de la vérité, leur furent inconnus et les auraient lassés tout d'abord, tant la contrainte eût été forte. Combattre et détruire leur était un impérieux besoin et leur plus savoureuse jouissance. Dominer, asservir leur temps fut leur autre passion; ils montrèrent un dédain presque injurieux pour tout ce qui ne venait pas d'eux, et pour ceux qui ne se convertissaient pas à l'admiration qui leur semblait due. Leur orgueil, maladie profonde des générations d'alors, fut démesuré, et ne transigea jamais; le toucher, c'était les blesser au plus vif, et jamais ils ne pardonnèrent cette injure. Ils voulurent de la popularité à tout prix, et bien des fois les opinions nouvelles qu'ils embrassaient avaient leur source dans le désir insatiable de plaire à la foule et d'être acclamés d'elle. Ces caractères se tempérèrent dans le plus grand de ces hommes : Chateaubriand sut en effacer les plus âpres saillies, et soumettre sa vie à des convictions d'une constance qui en fit l'honneur. Les deux autres ne purent en rien maîtriser les exagérations et les débordements auxquels les poussaient les forces sauvages de leur esprit. L'un eut certainement plus de grandeur et de génie; Broussais, plus de grossièreté dans la forme et des colères moins généreuses. L'un montait souvent par-dessus les sommets visibles, et y perdait le sens du réel et du possible; l'autre se plaisait à descendre aux plus bas niveaux les problèmes les plus élevés. S'adressant surtout à la multitude, tous les deux y soulevèrent de fanatiques enthousiasmes, mais sans y répandre les germes de salutaires enseignements; leur action fut plus d'agiter que d'être directement utiles.

Broussais trouva devant lui, au début de sa carrière, une science médicale profondément affaiblie, celle que M. Dubois (d'Amiens) a appelée, dans ses *Éloges*, la médecine de l'an III. Cette science professait le culte des traditions médicales, dont cependant elle ne savait recueillir que des débris inanimés. Elle proposait à l'admiration les maîtres anciens, sans en comprendre la sincérité naïve et forte, sans voir combien leur esprit d'observation était pénétrant et hardi, sans saisir tout ce qu'il y avait de vie et d'inspiration à travers les voiles et les ignorances de leur analyse. Les temps ont leur mystérieuse harmonie et leur unité cachée. La médecine de l'an III rappelait, sur bien des points, la littérature près de laquelle elle vivait, la direction suivie à côté dans les arts plastiques, et la philosophie sous laquelle sommeillait la pensée. Dans ce monde de l'esprit, où tout devrait être création et liberté, tout était devenu froid, convenu, officiel, réglementaire ; tout y semblait aspirer à l'uniforme ; la spontanéité y était étouffée et l'originalité proscrite, pour mieux éviter les écarts et ne pas troubler l'immobile autorité des règles consacrées. On croyait aimer et imiter les anciens, sans se douter que l'asservissement est précisément ce qu'il y a de plus contraire au génie indépendant, à la simplicité naturelle de l'antiquité. L'enseignement à voix éteinte de la philosophie de la sensation régnait dans ce calme, et ne risquait pas d'agiter les intelligences. Condillac, commenté et timidement revu par Laromiguière, Cabanis et les philosophes de l'Institut, occupaient les esprits à une analyse superficielle et nominale, qui masquait aux regards les problèmes inquiétants, les réalités suprêmes et vivantes des choses. Du sein de ces régions endormies sortait parfois une voix librement émue, un élan d'affranchissement et de volonté, dont le retentissement prolongé indiquait un esprit nouveau qui couvait dans le silence et allait bientôt éclater.

La médecine de ce temps n'était guère plus vivante que les lettres, les arts et la philosophie ; elle était devenue uniquement et stérilement nosographique, sous la direction d'un maître à débile sagesse, le vénérable Pinel. La science de Pinel s'adonnait tout entière à un faux amour d'ordre et de classification, s'inspirait d'une crainte incessante de l'esprit d'hypothèse et de théorie. Observer, décrire et classer les phénomènes morbides sans les interpréter, en composer des groupes distincts, faciles à reconnaître au moyen de caractères extérieurs simples et fixes, était pour lui l'idéal de la science. Il trouvait *plus de présomption que de lumière et de sagesse* aux médecins qui, *une maladie étant donnée*, se proposaient d'en *trouver le remède.* « L'examen comparatif, disait-il, de la marche sage et circonspecte suivie maintenant dans toutes les parties de l'histoire naturelle doit, sans doute, faire beaucoup rabattre de ces prétentions exagérées, inspirer plus de circonspection et de réserve, et apprendre à se borner au problème suivant, qui est bien plus mesuré et circonscrit : *une maladie étant donnée, déterminer son vrai caractère et le rang qu'elle doit occuper dans un tableau nosologique.* »

Tant que le régime impérial et les terribles jeux auxquels il se plaisait durèrent, ils fournirent aux intelligences un aliment qui déguisa la pauvreté de ce qui leur venait d'ailleurs. Les bruits et les préoccupations publiques contribuèrent évidemment au maintien de la science facile et écourtée qu'enseignait la *Nosographie philosophique* de Pinel. Les ombres paisibles des choses et les satisfactions factices ne répugnent pas à ceux dont les jours comptent des réalités poignantes, et voient des spectacles où le sort du monde s'agite. Corvisart et Bichat s'essayaient cependant à ouvrir des voies nouvelles et fécondes. Corvisart, moins largement inspiré, ne touchait qu'à un point spécial de la médecine, et se bornait à éclairer l'étude obscure des maladies du cœur. Bichat créait avec génie l'anatomie générale ; il montrait que le composé organique, que la diversité des organes et des tissus se ramenaient à des tissus premiers et élémentaires doués de propriétés spéciales, et qu'organes et tissus composés sentaient et agissaient en raison des tissus élémentaires qui les composaient. Mais Corvisart et Bichat, malgré le souffle nouveau qui les poussait, laissaient aux mains de Pinel la direction suprême, et ne dénonçaient pas ouvertement l'inanité d'une science vouée aux seuls phénomènes, satisfaite d'artifices et de mots. Un mouvement extraordinaire, une fermentation longtemps contenue s'empara de tous après les désastres qui mirent fin à l'empire. Les passions et les audaces de l'esprit se réveillèrent ensemble, et s'attaquèrent à toutes les formes de l'art respectées jusqu'alors, et tout à coup vieillies et chancelantes. La médecine ne pouvait demeurer immobile en cet entraînement général. Là, comme ailleurs, une jeunesse impatiente de tout respect, et conquise d'avance au mépris de traditions qu'elle ignorait, attendait une réforme, et la voulait bruyante, entremêlée de luttes et de violence, radicale dans ses affirmations. Il fallait faire croire à cette foule fiévreuse qu'on lui ouvrait une science nouvelle, en face de laquelle le passé n'était qu'une longue suite de mensonges et d'avortements. Nous avions perdu la conquête du monde, et les royaumes, un instant soumis, nous avaient, en un jour fatal, échappé; vaincus de ce côté, nous avions besoin de glorieux dédommagements, et de courir à d'autres victoires, soudaines et remplies d'étonnements comme les premières.

Broussais vint, ressentant en lui-même les agitations et les besoins de son temps; il leur prêta sa propre et bouillante énergie, et commença contre l'enseignement de Pinel, qui résumait aux yeux de tous le passé médical, une suite d'attaques véhémentes et sarcastiques, qui émurent et bientôt enivrèrent des esprits dont elles satisfaisaient les préjugés et l'orgueil. L'*Examen de la doctrine médicale généralement adoptée* commença en 1816 cette guerre qui eut tant de force pour détruire et montra tant d'impuissance pour fonder. Atteindre et blesser au cœur la médecine de Pinel n'était pas difficile. Son fougueux antagoniste prouva sans peine tout ce que les groupes de symptômes, donnés pour les seules réalités morbides, avaient d'artificiel; il engloba sous le nom d'ontologisme toutes ces créations nosographiques; il prétendit que la maladie n'était rien en dehors de la lésion d'un ou de plusieurs organes; dans la recherche des lésions consistait la vraie médecine: tout ce qui ne traduisait pas une lésion ou son effet n'était que vaine imagination, fiction ontologique. Cette argumentation, Broussais la reproduisit sans fin, la colora d'invectives ardentes. Il appela à son aide les protestations que tous les sectaires emploient avec succès; il déclara ne parler que pour l'amour désintéressé de l'humanité, se posa en victime des puissances du jour, accusa la Faculté tout entière, coupable de repousser ses doctrines, coterie désastreuse qui voulait éteindre la lumière, dont il éclairait enfin le plus utile des arts. Il s'empara d'un mot qui devenait magique, et se présenta comme le révélateur et l'apôtre du progrès; à sa polémique médicale il mêla habilement toutes les passions politiques et religieuses qui fermentaient autour de lui; il accusa d'intolérance, d'obscurantisme, d'esprit rétrograde tous ceux qui s'opposaient à ce qu'il appelait la réforme. Ceux qui l'acceptaient pour maître étaient hommes de progrès et d'avenir; ceux-là seuls étaient libéraux, indépendants, n'étaient pas séides d'un pouvoir ennemi de toutes les libertés. Broussais intéressa ainsi à son œuvre les sentiments d'opposition étroite et vulgaire qui régnaient alors. La popularité qu'il recherchait avec tant d'avidité lui devint une force pour établir et propager le système qu'il voulait substituer à la science renversée.

Le réformateur, en effet, ne s'était pas borné à détruire l'édifice nosographique du jour. Dans cette destruction il avait entraîné toute la médecine, la vieille médecine, dont Pinel semblait le dernier venu et le résumé parfait, tant l'ignorance des traditions et des œuvres médicales était profonde alors. Sur ce sol où il avait fait table rase, Broussais avait à reconstruire. Ses efforts de conception ne durent pas être très-pénibles, ni sortir de longues et patientes méditations. De tels esprits ne savent que contredire, même lorsqu'ils affirment et dogmatisent. Broussais se borna à retourner un système contre lequel il avait dirigé les plus ardentes attaques. Il se mit à l'opposé du brownisme, qu'il surprit au déclin d'une grande vogue, et que Pinel avait associé à ses divisions nosographiques. Brown ne voyait dans la maladie que faiblesse de l'organisme; Broussais affirma que tout y était excès de force et inflammation. Il eut le soin de présenter ces deux derniers termes comme synonymes; puis il n'eut qu'à montrer que toutes les maladies offraient une inflammation. Ce point-ci, il le donna comme la conclusion de sa lutte contre Pinel et l'ontologisme. Toute maladie provient d'une lésion d'organe ; une lésion est toujours une inflammation ou le produit d'une inflammation ; toute maladie se réduit donc, en définitive, à une inflammation. La différence des maladies particulières provient uniquement de la diversité des organes enflammés. Cependant il est un organe, l'estomac, dont l'inflammation se mêle à toutes les autres, soit comme point de départ et cause réelle des inflammations en apparence étrangères à lui, soit comme retentissement sympathique, effet plus ou moins éloigné d'inflammations nées en d'autres régions et sous d'autres influences que celles qui l'atteignent. De là la fréquence extrême de la gastrite. Celle-ci devint un instant l'unique maladie; et le langage de nombre de médecins répondant à toute question, *gastrite*, en prit une teinte de ridicule, qui n'est pas encore effacée de tous les souvenirs.

Pour mieux assurer sa doctrine pathologigue, Broussais édifia une doctrine physiologique congénère ; de la sorte il dominait l'état de santé cemme l'état de maladie, il s'emparait de l'être vivant dans toutes ses modalités. Sa doctrine de la vie n'était pas moins simple que celle qu'il enseignait en pathologie. La vie n'est qu'une propriété de la matière organique ; cette propriété est la *contractilité*, terme qui a pour synonymes *irritabilité* et *excitabilité*. Pas de vie sans excitation, sans irritation des organes. Des puissances excitantes agissent constamment sur l'organisme, et lorsqu'elles dépassent la mesure, l'irritation devient morbide, se change en inflammation. Les organes des sens et les muqueuses, et en particulier la muqueuse de l'estomac, sont le foyer principal de l'excitabilité ; rien d'étonnant, par conséquent, que l'irritation inflammatoire de l'estomac soit si commune. A ces conceptions de la vie et de la maladie répondaient une hygiène et une thérapeutique aussi exclusives qu'elles : la vie n'étant qu'irritation, la maladie qu'inflammation, l'art de conserver la santé et celui de guérir ne pouvaient avoir qu'un but, calmer l'être toujours irrité, éteindre l'inflammation qui seule a pouvoir de le rendre malade.

Il serait hors de saison d'imiter certains professeurs qui ont dépensé toute leur éloquence à prouver que Bichat et Broussais, avec leurs propriétés vitales, constituaient une nouvelle ontologie aussi condamnable que les anciennes, attendu que les propriétés vitales ne s'isolent de la matière organique et ne se touchent pas plus que la force ou le principe vital. Il serait pareillement superflu de prouver, avec M. Rostan, qu'il n'y a pas qu'une seule maladie, la gastrite, mais qu'il existe au contraire plusieurs et de nombreuses maladies. Ces efforts de démonstration paraîtraient aujourd'hui aussi singuliers que les singulières idées qu'ils étaient destinés à réfuter. Les temps sont loin où il a pu être utile de montrer tout ce que la médecine dite physiologique avait de faux et d'arbitraire, et les dangers qu'elle renfermait.

On a beaucoup accusé les médecins de s'être laissé séduire par ces étroites conceptions, et d'avoir cédé aux emportements d'une polémique aussi inconsistante qu'erronée. On oublie, dans ces accusations, les résistances qui se sont produites, et elles ont été, sinon populaires et générales, du moins dignes de la science ; les retours honorables aux vérités outragées, et ils ont été nombreux : il est peu de médecins qui, éclairés par la pratique, n'aient abandonné les trompeuses apparences qui avaient entraîné leur jeunesse inexpérimentée. La médecine de l'irritation s'appuyait en outre sur un fait transitoire qui, momentanément au moins, devait la rendre moins désastreuse en application : ce fait était la constitution inflammatoire des maladies régnantes ; constitution de celles que les anciens appelaient stationnaires, pour désigner un règne prolongé durant un nombre variable d'années. L'observation clinique sembla ainsi, pour un temps, venir en aide à la réforme médicale, sauf à lui infliger, au changement de la constitution morbide, un éclatant démenti.

Si l'on tient un juste compte de ces considérations ; si l'on réfléchit, en outre, que Broussais, dans sa lutte contre la médecine traditionnelle, s'était armé de toutes les perfidies, avait fait appel aux plus mauvaises passions comme aux généreuses, parlait à des générations que le sentiment des réalités vivantes ne fortifiait pas, on s'étonnera moins de son brillant mais court succès.

On ne connaîtrait pas tout Broussais, si à côté du médecin on ne plaçait le philosophe, d'autant plus que ses attaques et ses affirmations d'un côté se soutenaient des attaques et des affirmations qu'il émettait de l'autre.

Si les conceptions du physiologiste surent revêtir un air de nouveauté douteuse qui suffit à tromper ceux qu'elles surprirent, les conceptions du philosophe manquèrent de ce moyen de séduction et de rapide fortune. Il y suppléa par les violences du langage et par l'aveu brutal des conséquences extrêmes. Broussais, en effet, s'empara simplement du matérialisme de Cabanis; mais au lieu de lui laisser une forme grave et un peu sceptique, il le produisit avec une hardiesse, un ton absolu, une puissance de dénigrement contre les doctrines opposées, qui ajoutèrent à la gloire du médecin un fleuron qui ne la déshonorait pas. Le livre de l'*irritation et de la folie* fut le manifeste de ce matérialisme acerbe; si nous osions jouer sur le titre du livre, et si nous pouvions oublier quelle fut la célébrité de l'auteur, nous dirions que cette œuvre est vraiment celle d'un fou irrité. On ne saurait imaginer ce qu'est cette longue argumentation d'un volume contre toute doctrine qui tendrait à laisser soupçonner qu'il est en nous autre chose que la matière même; que la pensée n'est pas le résultat unique de la texture de notre cerveau, et que toutes les idées ne viennent pas du seul exercice des sens, ne sont pas produits de sensation pure. Prononcer les mots d'âme, d'observation intérieure, de conscience, de raison, suffit à soulever les colères et à amener les injures de l'écrivain. Les kanto-platoniciens, tel est le nom qu'il aime à leur donner, relevaient en face de lui la philosophie des humiliations du sensualisme; dans un enseignement demeuré célèbre, ils adressaient à la raison humaine les plus fécondes interrogations et lui demandaient la connaissance fondamentale et l'entente première des choses. Broussais ne pouvait entendre ces voix importunes, sans les outrager ; en maint endroit, il dit de ces éloquents interprètes du spiritualisme platonicien, que ce sont des malades dont le cerveau est irrité, et perçoit des désirs qu'ils transforment ensuite en réalités. « C'est la perception confuse, dit-il, de toutes ces sensations intérieures qu'ils (les psychologistes) prennent pour la preuve de l'existence de leur principe incorporel, intelligent, et d'une révélation à priori. Ces hommes vivent dans un effort continuel d'expressions qui n'aboutit qu'à substituer, dans leurs discours, une figure à une autre figure, et à dépraver la langue, quand il n'a pas un résultat plus fâcheux sur les fonctions de leurs cerveaux. En effet, ces sensations elles-mêmes ne sont que des irritations de leurs viscères, et des irritations analogues à celles qui président aux mouvements instinctifs : le cerveau les excite, les autres viscères les lui renvoient, les reçoivent encore de lui, et la santé de l'appareil splanchnique peut en souffrir. »

De pareilles choses ont pu s'écrire sérieusement, et ont trouvé, que dis-je, trouvent encore, et nombreux, des lecteurs qui les acceptent, lesquels déclarent en même temps ne reconnaître que le positif et repousser tout ce qui est suspect d'hypothèse. Les voix, les sensations intérieures de la conscience considérées comme irritations de viscères, renvoyées au cerveau qui les excite, et données comme troubles probables de la santé ! Voilà ce que regardent comme positif, ou bien près de l'être, des savants que nous n'accusons pas d'être malades ! A quels incroyables abaissements peut donc descendre la pensée !

La conscience et la raison, il faut abattre sans pitié ces mots qui sont le grand obstacle au progrès ; il faut accabler de sarcasmes les psychologistes et les rationalistes.

Les premiers sont en proie à des troubles morbides; que seront les seconds pour Broussais? Des jongleurs de mots dont il va percer les boursouflures et déchirer les vaines images. « Comment argumenter, dit-il, avec les rationalistes, qui ne se piquent pas de rigueur dans les déductions, et qui ne craignent pas d'avancer des assertions mystérieuses et inintelligibles, comme celle de dire que la raison, quoique impersonnelle, apparaît à l'homme individuel? Les rationalistes parlent de l'homme comme s'ils étaient d'une nature supérieure à l'homme. Je ne leur demanderai pas de définir les mots qu'ils emploient; ils ne s'abaissent pas jusqu'à la grammaire; ils ne font pas plus de cas de cet instrument, quoiqu'ils s'en servent dans l'intention de prouver, que de la matière nerveuse avec laquelle ils le mettent en œuvre. Ils s'élancent de plein vol dans un monde idéal, d'où ils regardent avec pitié ce qui se passe dans celui-ci. Toutefois, sans les apostropher, je me permettrai quelques réflexions sur leur langage. *La raison est une émanation de Dieu;* sorte de figure qui compare Dieu à une planète, ou à une source d'eau, et la raison à des rayons de lumière, à de l'eau, ou à quelque chose de plus subtil qui en émane, c'est-à-dire qui s'en écoule. Avant que je puisse admettre que la raison est l'une ou l'autre de ces choses, il faut que je sache par quels moyens ils s'en sont assurés, et j'apprends d'eux qu'ils tiennent cela de leur conscience, de cette espèce de Janus qui, par l'une de ses faces, regarde et entend la raison qui lui parle au nom de l'absolu, et, par l'autre, se met en relation, au moyen des sens, avec le monde phénoménal. Alors je me demande à moi-même si ce n'est pas avilir Dieu que d'en faire un corps susceptible de donner des émanations matérielles; et si, d'autre part, la raison considérée comme un fluide qui coule, qui écoute sans oreille et parle sans bouche à la conscience qui n'a point d'organe auditif, n'est pas une chose imaginaire. Admettons cependant que la conscience dont on ne m'a point montré les oreilles, ait entendu tout cela de la bouche de la raison, que personne n'a encore vue : à qui l'a-t-elle raconté avant que le rationaliste eût parlé? A elle-même, sans doute, à moins qu'il n'y ait encore là un autre être doué de la faculté d'entendre. Quoi qu'il en soit, l'être intérieur qui a appris toutes ces merveilles se sert du moyen des organes vocaux pour les faire parvenir aux oreilles des profanes, afin que celles-ci les rendent à leurs différentes consciences. » Il faut s'arrêter; nous n'épuiserions pas l'insensé de ce livre, quelles longues que fussent les citations. Les pages qui suivent, comme celles qui précèdent, sont de même style et apportent les mêmes basses déclamations. Cependant la philosophie de Broussais n'est pas morte avec lui; vivante avant lui, elle vit encore sous nos yeux. Le *positivisme* a recueilli les enseignements de Cabanis et de Broussais, comme nous l'avons démontré dans notre travail sur la *philosophie positive dans ses rapports avec la médecine;* il les a exagérés s'il est possible, et il les prodigue sous toutes les formes à une jeunesse heureuse du culte des sens et de la matière auquel on la convie, fière d'avoir remplacé par le fétichisme du fait cette suite de problèmes émouvants que l'esprit n'élucidait pas sans efforts, qu'il fallait poursuivre par une méditation recueillie; fatigue pénible et vaine, et que viennent assombrir encore des notions de dignité et de devoir devenues pesantes aujourd'hui.

Broussais s'éteignit dans la solitude et l'abandon. En vain, pour retrouver le fruit de ses triomphes, se déclarait-il l'apôtre de toutes les nouveautés suspectes qui avaient un jour de faveur; la foule, un instant ramenée, s'éloignait de nouveau. Il lui importait peu de se contredire : il avait criblé de ses attaques les doctrines et les rêves phrénologiques; il oublia ses premières invectives, et devint le plus ardent défenseur de cette même phrénologie, dès qu'il vit qu'elle pouvait rappeler sa popularité effacée, et servir ses opinions vivaces de matérialisme. Malgré tant d'efforts, un silence poignant avait remplacé les acclamations emportées auxquelles on l'avait accoutumé; ses injures ne blessaient plus, son enseignement ne soulevait qu'un douloureux dédain. Il fallut la mort pour ranimer les souvenirs éteints de sa gloire. A cette dernière heure, la jeunesse se rappela Broussais, et décerna une ovation finale à celui qui avait tant surexcité et ses préjugés et ses vanités. Les étudiants s'attelèrent au char funèbre qui portait les dépouilles du tribun médical, et le conduisirent au champ de son premier et suprême repos. Le silence revint plus profond sur cette tombe. Le bruit des panégyriques officiels l'a seul, et de loin en loin, interrompu; mais l'interruption, si enflée que fût sa voix, ne réveillait plus d'échos soutenus.

La mort est le suprême juge; elle relève les hommes qui ont été vraiment grands et utiles, elle rejette dans l'oubli ceux qui ont surpris et violenté la renommée plus qu'ils ne l'ont légitimement conquise et méritée : mais ce jugement ne s'exprime guère au lendemain des funérailles; il faut souvent que la mort remonte dans le temps, pour que les passions soulevées se taisent et que la gloire réelle ressorte. On a pu croire, un instant, que la figure de Broussais allait grandir après lui. Le ton forcé et presque lyrique des louanges posthumes qu'on lui a décernées a pu en imposer pour quelque temps. Ses obsèques à marche triomphale se couronnèrent des plus ardents discours; la Faculté, l'Académie de médecine, l'Académie des sciences morales, eurent des orateurs qui célébrèrent, en le grandissant par delà toute mesure, le membre illustre qu'elles avaient perdu; une statue lui fut élevée au Val-de-Grâce, et, en de nouveaux discours d'apparat, la médecine militaire exalta sans réserve le médecin dont elle était fière. Que l'on place la réalité en regard de ces éloges bruyants : quel contraste ! quel abandon pour des travaux qui devaient inaugurer une médecine nouvelle, et porter la lumière là où le passé n'avait laissé que ténèbres ! Aujourd'hui les œuvres de Broussais n'ont plus que deux sortes de lecteurs : les uns, rares amis de la science, les ouvrent pour apprendre dans les documents originaux l'histoire d'une période agitée de la médecine ; d'autres les parcourent pour y recueillir pieusement l'expression hardie du matérialisme dont ils se déclarent les survivants dévoués. Ces derniers seuls sont les vrais fils de Broussais, mais fils du philosophe plutôt que du médecin. Sous le nom de *positiviste* qu'ils arborent, ils se nourrissent des mêmes chimères, professent les mêmes mépris, et montrent les mêmes ignorances. Aussi la science, qu'ils prétendent créer, n'est ni moins informe, ni plus viable que celle de la physiologie de l'irritation. Cette science ne dure pas, elle passe sans cesse ; et cette disparition incessante est prise par les esprits prévenus pour un incessant progrès. Humiliant spectacle !

Il n'est pas de grand homme sans une grande œuvre accomplie : il a fallu trouver à Broussais cette œuvre qui seule pouvait soutenir les assurances de gloire qu'on lui prodiguait. On n'aurait osé invoquer comme telle la fondation de son éphémère physiologisme. Pouvait-on le louer si haut pour une construction qui n'avait abrité que des erreurs et désertée de tous aujourd'hui ? Non ; en dehors de ses conceptions systématiques, il fallait lui découvrir un titre plus sérieux et une influence plus durable. Dans ce but, on a prétendu en faire l'initiateur et le père de la médecine moderne. Cette assertion, émise sans un examen bien sévère et avec une sorte de parti pris, semblait justifier la longue et passionnée polémique où s'était consumée la vie de Broussais. La lutte du passé et de l'avenir, beau thème à soutenir pour ceux qui aiment les thèses bien dessinées et les oppositions tranchées ! Aussi cette idée, communément acceptée, est-elle devenue le symbole de ces temps de combat et l'excuse de luttes où le langage était peu mesuré. Il fallait, croyait-on, ces violences pour établir le triomphe de l'inspiration moderne en médecine. Les éloges de Broussais lui attribuent tous la gloire d'avoir rempli cette orageuse mais utile mission. Écoutons M. Dubois (d'Amiens) : « Il nous a tous ramenés à l'étude des lésions organiques, à la recherche du diagnostic local et à la véritable interprétation des symptômes. C'est en cela, je le répète, que Broussais s'est montré digne de sa haute renommée; c'est en cela qu'il a rendu d'immenses services à la science.....; c'est en ce sens qu'il est resté le promoteur de tous les progrès accomplis de nos jours en médecine; c'est à lui qu'il faut en rapporter l'honneur. Explorer les organes, interpréter les symptômes, voilà, je le répète, ce qu'il a enseigné aux nouvelles générations, et c'est ce qui lui méritera une reconnaissance éternelle. Sa gloire, comme théoricien, a été brillante sans doute, mais tumultueuse et passagère; comme clinicien, sa gloire grandira à mesure que la science fera de nouveaux progrès. Son système n'a pu avoir qu'une existence éphémère ; son impulsion clinique porte encore aujourd'hui ses fruits. »

Broussais a-t-il droit à la part que ces lignes lui font? Est-il réellement le promoteur de tous les progrès accomplis de nos jours en médecine? nous a-t-il ramenés à l'étude des lésions organiques, à la recherche du diagnostic local? Nous ne saurions reconnaître un tel mérite à celui-là même qui, suivant nous, a dévié de leur cours légitime les études anatomo-pathologiques, à celui qui a profondément vicié l'interprétation des symptômes, et donné à la pratique médicale des bases mensongères.

L'anatomie pathologique existait bien avant Broussais; avant lui elle conduisait à l'intelligence des symptômes observés durant la vie, et servait d'appui aux inductions thérapeutiques. M. Dubois le reconnaît lui-même dans l'éloge dont nous venons de citer quelques lignes : Morgagni, Bichat, Pinel, Prost, il aurait pu dire tous les médecins de quelque valeur, marchaient déjà dans cette voie féconde; l'impulsion était devenue irrésistible et générale : pas une école célèbre qui ne favorisât ce mouvement. Qu'a donc fait Broussais que n'aient voulu et fait ses devanciers, et quel est son rôle propre dans l'évolution de la médecine moderne, dans la science plus particulièrement fondée sur l'étude directe des lésions de tissus et d'organes? Le voici, en peu de mots. Les médecins, avant Broussais, cherchaient dans l'anatomie pathologique un moyen de progrès pour l'histoire des maladies, mais nullement les matériaux d'une révolution doctrinale de la science. En découvrant et en analysant une lésion, ils ne prétendaient pas révéler la cause du mal et sa nature même; ils admettaient d'instinct, au-dessus de cette lésion, une détermination de l'activité vivante, une affection propre de la vie; ils faisaient de la lésion, non un point de départ premier d'où tout symptôme, tout acte morbide devaient découler; mais, au contraire, un aboutissant, un effet important à connaître, moins en lui-même que pour saisir à travers lui la nature de la cause qui le provoquait. La médecine antique s'inspire toute de ces notions, et en tire sa vraie grandeur. Elle n'expose pas clairement et dogmatiquement les principes généraux auxquels elle obéit; semblable au bel art primitif, elle les sent et les réalise dans une application inconsciente. Cette application, poursuivie à travers les siècles, a lentement constitué le faisceau mêlé et puissant des traditions médicales.

Ces traditions, Broussais est venu les briser. Son œuvre propre a été, non de montrer les progrès que l'anatomie pathologique bien comprise réservait à la médecine, mais d'instituer une philosophie erronée enseignant que la lésion était toute la maladie; que le médecin n'avait rien à voir en dehors de ce fait tout matériel; que ce fait était le principe même de la science. La lésion, suivant le langage du réformateur, c'est le *cri de l'organe souffrant* et le *douloureux mobile du désordre universel;* c'est sur ce point qu'il faut *porter le baume consolateur;* le reste n'est qu'ontologisme. Tout ce qui n'exprime pas une lésion d'organe, mais prétend traduire une modalité du système vivant, une affection même de la vie; tous les termes généraux de la langue médicale, force, faiblesse, ataxie, adynamie, diathèse; ou ces autres mots qui désignent les maladies spéciales autrement que par des dénominations tirées des organes atteints, comme les mots typhus, catarrhe, choléra, variole, les mots d'épidémie et de contagion; tous ces termes et les idées qu'ils expriment sont des créations d'êtres fantastiques, les rêves d'une médecine vieillie, qui doivent se dissiper aux clartés de la médecine physiologique. Qu'est cet enseignement, sinon l'introduction en pathologie de tous les préjugés du matérialisme philosophique, qui lui aussi ne reconnaît que le fait de la sensation, que l'organe impressionné et sentant? Oui, Broussais peut être nommé le fondateur de la médecine moderne, mais en tant qu'on ne voit d'elle que les erreurs qu'elle professe, et dont elle a tant de peine à secouer le lourd fardeau.

L'anatomie pathologique éclaire le médecin dans l'art difficile de rapporter aux organes lésés les symptômes observés. Cet art, à le prendre en dehors de toute exagération systématique, et non comme constituant la médecine tout entière, le devons-nous à Broussais? Pas plus que nous ne lui devons la connaissance des rapports généraux de la lésion avec la maladie. Ce sont des contemporains de Broussais qui ont réalisé, sur ce point, les merveilleux progrès, honneur de la science actuelle ; et, parmi ces contemporains, il en est un qu'il faut citer entre tous, Laennec. C'est à lui que remonte l'impulsion féconde qui se poursuit aujourd'hui. Broussais n'a pas droit à revendiquer une telle action sur la direction de nos études. Loin qu'on doive le considérer comme l'initiateur des progrès véritables auxquels l'anatomie pathologique conduit la science des maladies, on doit le regarder comme celui qui a éloigné ces progrès ; car il est le créateur de cet ensemble d'erreurs qui demandent à cette anatomie ce qu'elle ne peut donner, à savoir, la raison même des maladies. Il a tourné du côté du faux les sources mêmes du vrai qu'on entrevoyait avant lui.

Nous ne concluons pas de ces faits que, sans Broussais, la vérité pure eût lieu, et que l'étude des lésions se fût poursuivie sans enfanter les orgueilleuses illusions auxquelles elle nous a entraînés. Non, sans doute ; ce rôle systématique, si Broussais ne s'en fût emparé, eût tenté d'autres esprits, tant il offre de séductions trompeuses, tant il flatte en nous d'incurables faiblesses, tant il est aisé à soutenir. Aussi se prend-on à douter et de l'originalité de la réforme et de celle du réformateur ; il n'y a pas là une forte et toute personnelle initiative. Mais, en tout cas, et quand même Broussais seul eût pu concevoir et remplir ce rôle, le caractère n'en eût pas changé : se faire l'apôtre intolérant et exclusif d'une erreur capitale, étouffer violemment toutes les vérités qui la contrarient, ne saurait passer pour un titre de gloire ; cela surtout ne peut s'appeler servir aux progrès de la science et de l'art.

Où donc trouverons-nous la grandeur vantée de cet homme, où sa mission et ses services? Sa grandeur est moins dans sa science réelle que dans l'ardeur de son tempérament et dans la puissance d'agitation qu'il y puisait. Il avait un besoin incesssant de lutter, de détruire, de triompher sur des ruines. Il a, par suite, remué jusqu'aux fondements le sol de la science ; il a rendu des services par cela seul qu'il a combattu et forcé chacun à combattre. Il a imprimé aux esprits de son temps des secousses qui sont devenues fécondes. Les uns se sont armés contre lui, et ont donné aux vérités qu'il attaquait des développements inattendus ; les autres ont déployé un infatigable labeur pour édifier une fausse science, et, entrés dans des voies que l'erreur ouvrait, ils ont su rencontrer des faits importants, découvrir de nouveaux moyens d'analyse, contribuer à l'avancement de nos connaissances. Ce sont là des services réels. Mais Broussais ne les a rendus qu'en succombant lui-même dans la lutte ; à cette seule condition il a été utile. S'il eût pu durer, si les préjugés auxquels il a fait appel nous eussent subjugués sans retour, Broussais eût été la plus fatale figure de notre histoire : il eût consommé la décadence définitive de notre science et de notre art.

## II.

Broussais, qui ne voulait pas d'une raison qui parle sans bouche et d'une conscience qui entend sans oreilles, rencontra des émules, et forma des disciples qui prirent à la lettre de tels préceptes, portèrent aux dernières limites le culte du fait matériel, et se promirent de ne croire qu'au pur témoignage des sens. Parmi ces matérialistes déterminés, fut Magendie, professeur au Collége de France, membre de l'Institut et de l'Académie de médecine, médecin de l'Hôtel-Dieu, Commandeur de l'ordre de la Légion d'honneur. Les hautes positions et les honneurs officiels ne lui ont pas manqué ; tous les moyens d'action lui ont été donnés pour aider à l'autorité de ses leçons, et à son influence sur les générations médicales qui l'ont eu pour exemple ou pour maître.

Magendie regardait le passé des sciences médicales et physiologiques comme vide de faits démontrés, dépourvu de valeur scientifique, perdu dans les chimères, entaché de métaphysique; et ce mot seul était, à ses yeux, la plus absolue condamnation. Lire Hippocrate et Sydenham lui paraissait une bien vaine curiosité; en admirer les œuvres et prétendre en retirer quelque fruit, lui semblait un fait de si étrange hallucination, qu'il n'avait que pitié pour ceux qui en étaient les victimes. L'ignorance est toujours au point de départ de tels jugements : ce passé, Magendie ne le connaissait pas; il le jugeait d'après des vues toutes superficielles et des opinions préconçues, recueillies au hasard et avec le plus distrait dédain. Il repoussait avec un égal mépris les théories proposées par ses contemporains; il n'avait pas assez de railleries envers la médecine physiologique de Broussais; il l'accusait d'ontologisme, retournant victorieusement contre elle les armes qu'elle avait employées pour combattre.

Magendie avança donc que tout était à refaire, et il osa affirmer qu'il ne croirait en médecine qu'à ce qu'il aurait constaté directement par la vue ou le toucher. Or, voir et toucher ne se peuvent, à bien dire, au lit des malades; l'observation clinique porte sur des phénomènes complexes qui se passent dans la profondeur des tissus, s'y associent, s'influencent et se masquent les uns les autres, s'entr'aident ou se combattent, et s'enveloppent ainsi de voiles accumulés que soulève l'intelligence plutôt que les sens. Magendie ne comprit et n'estima pas plus l'observation médicale que la science qu'elle avait créée; il lui substitua l'observation expérimentale. L'une conduit à imaginer les entités factices dont les médecins ont rempli leur science, à créer des mots sonores et creux, comme diathèse, idiosyncrasie, génie épidémique, inflammation, fièvre, et tant d'autres qui ne représentent que des rêves, et que, jusqu'à ce jour, nous avons cru exprimer des réalités : des réalités qui se dérobent aux atteintes directes des sens ! L'observation expérimentale, au contraire, apprend des faits visibles et certains, qu'à volonté on peut provoquer au sein des organes, et qui donnent la connaissance exacte de la lésion produite et du symptôme qu'elle amène après elle. En conséquence, Magendie voua sa vie scientifique à une suite non interrompue de vivisections et d'expérimentations; il dissociait les tissus des animaux vivants, enlevait les organes, tourmentait les fibres et les nerfs, liait ou ouvrait les vaisseaux ; il retirait le sang et, à la place, injectait des liqueurs putrides ; il soumettait de force à telle ou telle alimentation les animaux de son laboratoire ; il les sacrifiait ensuite à tel ou tel moment. C'est par là que Magendie chercha la vérité médicale. On devine le caractère que dut prendre son enseignement, et ce que devint la chaire du Collége de France. Ce ne fut plus une chaire, mais une table à vivisections toujours couverte de sujets en sacrifice. Ce n'était plus une démonstration, un exposé didactique que l'on allait y entendre ; c'étaient des expériences auxquelles on allait assister. L'expérimentation, quittant le silence et le recueillement du laboratoire, avait remplacé la parole, et cette muette éloquence occupait seule le public. La lassitude de ces sanglants exercices ne parut jamais gagner l'infatigable professeur ; ils lui plaisaient sans doute par eux-mêmes, car il les répétait sans nécessité, et dans le seul but de remplir la séance, et de montrer à des auditeurs, qui les connaissaient déjà, les expériences où éclatait son habileté (1).

(1) En traçant ce tableau, nous n'entendons aucunement blâmer

En de telles recherches, ce physiologiste professait qu'il fallait se borner à constater et à exprimer le fait brut. Cela seul offre quelque certitude, et l'art souverain consiste à éloigner les erreurs des sens et les illusions phénoménales. Des faits expérimentalement perçus, Magendie proscrivait ou croyait proscrire tout *mélange de raisonnement*; la science, suivant lui, n'a besoin ni de théories, ni de lois, ni de rapports généraux : elle est un vaste recueil de faits divers, plus ou moins classés par les analogies extérieures. Il aurait ambitionné pour elle l'ordre et le titre d'une publication contemporaine : *Un million de faits.* Magendie a laissé des disciples qui n'ont pas craint de le louer de cette manière d'entendre la science. Il n'en faudrait pas conclure que le maître et les disciples aient été ou soient fidèles à la méthode qu'ils préconisent. Le propre de ces esprits positifs est de marcher à l'opposé de la voie qu'ils prétendent suivre. Maître et disciples n'ont jamais cessé de parler au nom d'hypothèses, en croyant les bannir, se sont livrés d'emblée aux opinions préconçues, tout en les couvrant du plus sévère blâme. Mais ces hypothèses, au lieu de les puiser vivantes dans un ordre élevé et réel, au lieu de leur donner une inébranlable fermeté en les demandant à des causes en harmonie avec l'observation sincère des choses, ils les ont placées au plus bas des conceptions de l'esprit, et les ont trouvées, loin de toute activité et de toute génération des choses, dans les imaginations chancelantes d'un impossible mécanicisme.

l'expérimentation, ni les vivisections. Ce sont des moyens d'observation dont nous apprécions la valeur. Il ne s'agit ici que de juger l'expérimentation dans ses prétentions de méthode scientifique, et non comme procédé d'analyse, ce qui est absolument différent. La méthode qui fait la science, et le procédé analytique qui atteint à la connaissance d'un fait, sont séparés d'infinies distances, malgré la confusion que trop de savants, parmi nous, établissent entre les deux.

Magendie, en effet, a hardiment supprimé la vie des faits vitaux ; car la vie ne se touche pas, ne s'isole pas en une substance accessible aux sens. La vie, cause et force propres, régissant un ensemble de faits spéciaux, est une hypothèse que le progrès chasse devant lui. Elle marque l'état d'enfance de la science. Recourir à cette hypothèse, c'est, nous dit-on encore, invoquer des *forces surnaturelles*, c'est introduire, dans la science, le mystique et le merveilleux. Aujourd'hui tout s'est éclairé : au lieu de la vie, les forces physico-chimiques; au lieu des faits vitaux, les faits physiques. L'être vivant et l'organisation bien vus, se montrent un simple composé chimique; la sensibilité et l'intelligence rentrent dans les manifestations inattendues de la matière pure, et apparaissent comme le résultat démontré de sa complexité. Le surnaturel est ainsi effacé; le naturel et l'évident prennent sa place sans retour. Quelle étonnante puissance acquièrent ces questions, un peu négligées jusqu'ici, du plus ou moins de complexité de la matière ! Moins de complexité, un minéral, un sel, un cristal; plus de complexité, l'être vivant, sentant et réagissant !

C'est sur ces bases que reposent les *Leçons sur les phénomènes physiques de la vie, professées au collége de France ;* titre étrange et qui conduit au cœur des tentatives et des préjugés du professeur. Le sens doctrinal des réalités est demeuré si longtemps affaissé, que cet énoncé ne révoltait pas tous les médecins qui l'entendaient. Si l'on parlait devant des physiciens de *leçons sur les phénomènes vitaux de la physique*, ils douteraient aussitôt du bon sens de l'auteur; et, nous, nous laissons passer sans protestation ces incroyables mots, « phénomènes physiques de la vie » ! Nous ne répondons pas aussitôt : De pareils phénomènes ne sauraient exister ; il n'y a dans la vie que des phénomènes vitaux; tant qu'il s'agit de phénomènes physiques, la vie leur demeure étrangère

Certainement la vie ayant pour condition nécessaire de manifestation et de développement un agrégat purement matériel, cet agrégat, en tant que matière organique, appartient tout entier aux forces physico-chimiques. Ces forces enveloppent incessamment la vie; elles lui composent des conditions permanentes qui ne pourraient lui faire défaut, sans qu'elle s'arrêtât aussitôt. Mais ces conditions d'exercice de la vie ne sont en rien la vie, ni le principe de ses manifestations; les choses ne se jugent que dans leurs causes : c'est là qu'elles puisent leur réalité propre, c'est par là qu'elles existent et paraissent. Lors donc qu'on traite de la vie, on traite uniquement des phénomènes vitaux; les effets ne sauraient se séparer des causes, et trouver hors d'elles leur qualification distincte. Les phénomènes physiques de la vie sont une monstruosité pour qui sait la valeur des choses et demande au langage de la traduire.

Subtilités vaines, fantômes d'une imagination surmenée, répondrait Magendie, répondent encore les expérimentateurs positivistes ! Que signifient ces distinctions entre les conditions et le principe des choses? Tout cela c'est de la métaphysique ! Ne raisonnons pas tant; retournons au laboratoire; voyons, touchons, expérimentons : la science est là. Quelle science !

Plus sont contraires à la vérité les préjugés auxquels on appartient, plus on dépense d'activité à les défendre et à les propager. Le faux donne souvent plus d'ardeur à ses adeptes que le vrai n'en inspire à ceux qu'il éclaire. Celui-ci laisse une sorte de calme et de satisfaction qui, parfois, arrêtent les impulsions créatrices et les agitations fécondes; l'autre a besoin de se chercher perpétuellement de nouvelles preuves et de nouveaux appuis; il semble deviner ce qu'ont de fragile et d'inconsistant ceux qu'il a cru pouvoir invoquer jusqu'ici : il faut qu'il éblouisse en passant sans relâche d'un sujet à l'autre, en déplaçant l'attention au point de la fatiguer incessamment. C'est là le secret d'un grand nombre de travaux ; ce fut évidemment le mobile de la rare activité et de l'ardeur de recherche déployées par Magendie. Quelle fut la moisson rapportée par ce labeur continu de toute une vie? Ne semble-t-il pas qu'à travers le nombre démesuré de ses expérimentations, Magendie a dû recueillir une ample gerbe de faits nouveaux, instructifs, certains, définitivement acquis à la science de l'être vivant?

Au premier aperçu, l'accumulation d'expériences et de mémoires laissés par Magendie promet une riche récolte ; à l'examen détaillé, on est surpris de trouver si pauvre un si lourd dossier. Si l'on élimine les travaux perdus à soutenir des interprétations erronées des phénomènes physiologiques, ou des essais thérapeutiques sans valeur, ou des théories et des distinctions pathologiques sans portée durable, on ne trouve à mentionner que quelques constatations, le plus souvent incomplètes, de faits peu importants. Certes ce siècle compte de grandes découvertes en physiologie : aucune ne se rattache au nom de Magendie. Ch. Bell, en méditant sur des faits d'observation vulgaire, en étudiant avec une sagacité éclairée les dispositions anatomiques des nerfs et leur naissance de la moelle épinière, en faisant quelques rares expériences pour confirmer ce que son intelligence découvrait, Ch. Bell a doté la science de l'être vivant de l'admirable distinction des nerfs de sentiment et des nerfs de mouvement. Magendie a essayé un instant de tourner vers lui, de conquérir pour son compte une découverte qui en rien n'était sienne; il a multiplié les vivisections à ce sujet, de façon à mêler, pour un moment, son nom au bruit d'une telle conquête de la science. Son agitation ne fit que mieux ressortir le génie de Ch. Bell qui avait su voir à peu de frais et avec sûreté ce que le physiologiste français n'avait pas su rencontrer dans son travail tout voué à l'opération expérimentale, mais que le recueillement et l'observation réfléchie ne venaient jamais féconder.

Si Magendie ne peut compter parmi ces rares génies qui, comme Aselli, Pecquet, Haller, Ch. Bell, ont jeté de soudaines et abondantes clartés sur les mystères vivants de l'organisme, est-il du moins de ceux qui ont élucidé certaines des conditions physiques de la vie? A-t-il réussi, lui qui considérait cette vie comme physique dans son principe, à déterminer la production physique de quelques phénomènes organiques, et a-t-il aidé à la connaissance analytique de fonctions vitales, en les poursuivant dans les réalisations matérielles qui leur servent de support? Ici, encore, la stérilité de l'œuvre de Magendie demeure frappante.

La préoccupation constante de sacrifier tout ce qui semblait se rapporter à une faculté spécialement vitale, et de préférer toujours à de telles facultés l'unique force physique, l'a conduit d'erreur en erreur, même sur le terrain des conditions physiques de l'être. Ainsi, dans cette capitale fonction de la circulation du sang, où le mécanisme est si évident comme condition, et si faux comme principe de la fonction, Magendie, pour tout réduire à l'ordre mécanique, nia la contractilité des artères et des capillaires sanguins, que la physiologie de son temps reconnaissait déjà, que depuis on a mis hors de toute contestation, et que laissait deviner la pure observation des modifications brusques et spontanées qui surviennent dans la circulation capillaire de telle ou telle partie, soit dans l'état pathologique, soit même dans l'état physiologique, sous l'influence de causes diverses, et des émotions morales en particulier. Mais la contractilité sentait par trop la vie et son activité propre; Magendie lui préféra l'élasticité, propriété toute physique, qu'il associait à l'impulsion hydraulique dont le cœur était l'instrument. Il expliquait ainsi toute la circulation, celle des gros vaisseaux comme celle des capillaires. Quant au cœur, il se gardait d'y rien admettre qui pût en faire un organe vivant; il n'y voyait qu'une machine hydraulique qui fonctionnait exactement comme celles que l'industrie de l'homme fabrique. « Magendie, dit M. Fréd. Dubois dans la remarquable étude qu'il a consacrée à ce physiologiste, Magendie était tellement pénétré de cette idée, qu'il avait été jusqu'à proscrire les dénominations, devenues vulgaires, de cœur, d'oreillettes et de ventricules; pour lui il n'y avait plus dans la poitrine que deux pompes adossées l'une à l'autre, l'une qu'il appelait la pompe droite, et l'autre la pompe gauche. Ce n'est pas tout, au lieu de ventricules et oreillettes, il aurait voulu qu'on dît corps de pompe et réservoirs. Il aurait même voulu qu'on ne parlât plus d'artères ni de veines, mais qu'on dît tout simplement les grands tuyaux et les petits tuyaux. Bref, il était revenu, sous ce rapport, à la physiologie de Descartes. »

La découverte de l'auscultation avait cependant introduit un nouveau problème tout physique dans la physiologie du cœur : les bruits cardiaques attendaient une explication qui pût cadrer avec la théorie des mouvements de l'organe où ils se passaient. Ce problème, dont l'étude offrait d'admirables applications dans une partie jusqu'alors obscure de la pathologie, devait solliciter Magendie; il n'eut pas le bonheur de le résoudre. Son expérimentation marchait trop *sans mélange de raisonnement*, pour rencontrer de ces succès; il laissa à un médecin qui raisonnait plus qu'il n'expérimentait, le mérite d'établir une théorie solide de la production de ces bruits. Nous serions bien tenté de donner tout le bagage scientifique de Magendie pour l'honneur qu'a obtenu M. Rouannet d'avoir éclairé ce petit point de la physiologie cardiaque, tout limité que soit ce point aux conditions mécaniques de la circulation du cœur.

Il y a de l'hydraulique dans les conditions des fonctions circulatoires; et si Magendie, en n'y voyant que cela, a mutilé ou gravement dénaturé la physiologie du cœur et des vaisseaux, du moins il n'a pas soumis cette partie de la physiologie à un fait entièrement fictif et dépourvu de tout rapport avec les phénomènes qu'on lui donnait à régir. L'esprit positif de Magendie devait fournir de plus chimériques théories, et ce savant, qui assurait ne croire qu'à ce qu'il voyait et touchait, devait aboutir aux plus complètes illusions. Comment désigner, en effet, les explications au moyen desquelles il prétendit exposer les secrets cachés de deux des plus essentielles et plus générales fonctions, l'absorption et l'exhalation. Ici, comme toujours, Magendie chercha à ramener ces actes de l'économie vivante à des phénomènes exclusivement physiques; il y supprima la vie, et considéra ces fonctions, non dans leur principe, dans leur cause de mouvement, dans leurs rapports avec l'ensemble des synergies vivantes, mais uniquement dans leur mode d'exécution. Ce dernier côté existe seul à ses yeux; il devient le fait initial et majeur, portant en lui la connaissance de toutes les autres circonstances de la fonction. Dans ce sens, l'étude capitale consiste à déterminer le comment physique de cette exécution : il faut savoir par quel procédé matériel les divers vaisseaux absorbent les fluides placés en dehors d'eux, et laissent éèhapper les fluides qu'ils renferment. Tel est le problème obscur que le physiologiste a à résoudre; il est plus difficile que celui des conditions mécaniques de la circulation; sa solution présente un intérêt subordonné, mais réel, dans l'histoire des fonctions d'absorption et d'exhalation; car une fonction n'est complétement connue que lorsqu'elle est déterminée, d'un côté, dans sa cause, dans ses rapports avec l'unité et la fin de l'être, et de l'autre, dans ses conditions physiques et instrumentales. — Or, Magendie aboutit, sur l'exercice instrumental des fonctions d'absorption et d'exhalation aux plus singulières assertions. Il pensa d'abord à l'attraction moléculaire; puis il admit une sorte de *tamisage* qui, à travers de petits pertuis, laissait pénétrer dans les canaux destinés à l'absorption les fluides les plus ténus. Enfin, reconnaissant l'insuffisance de ces explications, il s'adressa à un phénomène physique vulgaire dont il s'efforça de rehausser le rôle, en le rendant maître de l'une des fonctions les plus importantes de la vie: il attribua à l'imbibition l'absorption; et pour expliquer l'exhalation, il admit une imbibition en sens inverse, qu'il appela l'exbibition.

A cet unique fait physique se ramène l'éternel mouvement de la matière organique, qui ne saurait un instant s'arrêter, sans que par retour ne s'arrête la vie; à une propriété passive d'imbibition se réduit le rôle de cette prétendue activité vitale qui sans cesse prend au monde extérieur des matériaux de réparation, qui sans cesse lui rend des matériaux usés et désormais impropres à la nutrition. Oui, Magendie le dit hardiment: « Ces deux grandes fonctions auxquelles on a donné le nom d'absorption et d'exhalation, ne sont autre chose, pour nous, que l'imbibition s'effectuant tantôt du dehors au dedans et tantôt du dedans au dehors. »

« Telle a été, dit M. Fréd. Dubois dans le discours que nous citions plus haut, l'étrange doctrine à laquelle Magendie s'était définitivement arrêté, et qu'il a toujours professée depuis. Et ne croyez pas qu'en cela il ait cru faire une simple supposition ou un rapprochement. Magendie croyait, et très-sérieusement, qu'il avait fait en cela une belle et grande découverte; il le croyait si bien, qu'il prétendait avoir déjà éprouvé le sort réservé à tous ceux qui ont fait de grandes choses dans le monde; qu'il avait été d'abord honni et presque persécuté; mais que si de son vivant il n'avait eu pour prix de ses travaux sur l'imbibition que dédain et rebuts, il pouvait du moins porter avec confiance ses regards dans l'avenir: car, ajoutait-il, des expériences comme les siennes doivent recevoir du temps une juste et éclatante sanction. » Il n'est besoin de rappeler de quelle manière le temps a prononcé.

On le voit, l'expérimentation à outrance, et le mépris pour l'interrogation de la pensée et l'observation réfléchie n'ont pas livré à Magendie l'une de ces découvertes qui marquent un nom; ils ne l'ont pas sauvegardé des plus graves erreurs, et son matérialisme semble avoir d'autant plus fatalement échoué sur l'écueil des vaines théories, qu'il était plus absolu. Mais alors même que Magendie eût échappé aux conséquences ordinaires de ses préjugés, quand même un éclair de l'esprit fût venu éclairer son travail, et lui eût révélé quelques-unes des conditions physiques des phénomènes vitaux recherchées par lui avec tant d'ardeur, il n'eût pas pour cela justifié sa méthode et les principes sur lesquels il la fondait. Il eût été plus heureux, mais ses enseignements eussent été aussi condamnables. Le succès est une mauvaise justification, en science comme en toute chose. Une découverte même importante n'eût pas empêché la physiologie de Magendie d'être frappée d'un vice radical, et de méconnaître les plus hautes et les plus essentielles vérités de la science de la vie. Il n'est pas, en effet, de plus mortelle erreur en biologie que de supprimer les causes des phénomènes vitaux pour mettre à leur place les simples conditions de ces phénomènes. C'est partout effacer l'activité et la spontanéité, qui sont la règle suprême de ces phénomènes, pour y substituer l'état passif et mécanique, qui sont la négation même de cette règle. Nul plus que Magendie ne fut malheureusement fidèle à de tels préjugés : aussi nul ne vit son travail frappé d'une plus éloquente stérilité. C'est un enseignement à méditer, d'autant plus que les exemples de Magendie, que ses préceptes et ses méthodes demeurent hautement glorifiés, comme nous le montrerons, et séduisent encore nombre d'entre nous.

De plus tristes révélations nous attendent, si nous cherchons à quelle médecine la méthode et la science exclusivement expérimentales ont fait descendre Magendie. La table à expérience du laboratoire ne peut être dressée dans une salle de malades; une contemplation de désordres et de mutilations pareils à ceux que le physiologiste produit sur les organes de l'animal vivant fait ici défaut. Au lieu de phénomènes suscités à volonté et placés dans un factice isolement, il faut observer des phénomènes complexes, variables, mutuellement enchaînés, soumis à une cause qui les règle, à une évolution spéciale qui les modifie ou les pousse suivant leur nature propre. C'était un art inconnu à ce savant et nié de lui; il ne savait qu'expérimenter. L'observation des affections et des réactions de la nature vivante lui semblait une œuvre de métaphysique. Cette observation, en effet, ne fait pas toucher la production mécanique et physique des phénomènes; elle poursuit des entités imaginaires sous forme de groupes symptomatiques, que rien de réel et d'accessible ne relie; et conduit ceux dont le ferme esprit ne repousse pas de telles fictions à la création de tout un vaste et chimérique ensemble d'idées et de mots qui ne traduisent aucun fait directement appréciable aux sens. Qu'est la contagion, par exemple? Qu'est le mot épidémie, celui d'hérédité, de diathèse, d'idiosyncrasie? Que sont la fièvre et l'inflammation, le catarrhe et le rhumatisme, l'ataxie et l'adynamie? Que sont les innombrables mots de la langue médicale ancienne, qui expriment des dispositions ou des états généraux de l'économie, dispositions ou états que le scalpel, le microscope et les réactifs chimiques ne peuvent atteindre? Qu'est tout cela, sinon de la philosophie, de la métaphysique, du verbiage, de l'hypothèse, termes variés de choses identiques? En présence du malade, Magendie se trouvait devant une énigme dont il ne comprenait ni la portée ni le sens. Tout, pour lui, se couvrait d'obscurités invincibles dans l'ordre pathologique. Il n'en était pas, comme Broussais, à ne voir qu'à travers le voile des préjugés et d'un système exclusif; il en était à ne rien voir, à ne rien discerner; les moyens d'analyse et ceux d'expression, tout lui manquait à la fois.

Je ne produirai pas des exemples particuliers pour prouver l'impuissance médicale de Magendie : elle n'est que trop avérée, et éclate chaque fois que le physiologiste veut parler en médecin. Pouvait-il en être autrement? Ces idées et ces mots que Magendie réprouvait avec passion, comme entachés de métaphysique, ne sont-ils pas l'âme même de la médecine? Quel est l'observateur digne de ce nom qui ne placera pas au faîte de toute observation et de toute science médicale les faits généraux qui se rapportent aux facultés premières et essentielles de l'activité vivante, à l'état des forces et à l'idiosyncrasie; ceux qui expriment les éléments morbides communs, ceux qui traduisent les conditions étiologiques communes? Ces faits, domaine de la pathologie générale, sont la raison scientifique, et comme la pure et immortelle substance de la médecine : ils dominent l'ordre pathologique tout entier; et, attirant à eux les faits particuliers, ils leur communiquent la vie qui leur manque, et les soustraient à la constatation empirique pour les inscrire parmi les connaissances réelles et positives. Or ces faits généraux, Magendie les niait. Au lieu de s'attacher à éclairer ce que conservaient de confus et d'incertain ces idées mères de la science, au lieu de les développer et de les préciser en leur soumettant une plus longue suite de faits bien constatés, Magendie les raillait sans pitié, ne se doutant pas que ses railleries s'usaient contre le plus solide et le plus admirable monument qu'eût jamais élevé la science de l'homme vivant. Les attaques se sont multipliées et se multiplient encore contre ces assises fondamentales de la médecine; celles-ci n'en restent pas moins inébranlables; et, pour qui sait mesurer les progrès véritables que réalisent les travaux de notre temps, il est manifeste que le retour vers ces grandes vérités, un instant obscurcies, demeure le plus élevé et le plus pratiquement fécond de ces progrès. Rattacher les lésions et les troubles divers aux causes qui les suscitent et les soutiennent; voir l'affection interne et primitive derrière toutes les manifestations locales qui évoluent ou se succèdent; ramener à l'unité active et génératrice des phénomènes qui semblent épars, dissemblables, étrangers les uns aux autres; en un mot, saisir l'invisible producteur à travers le visible produit, n'est-ce pas là le grand art qui renaît parmi nous, et qui promet à la médecine l'ère des certitudes et des applications thérapeutiques, appuyées sur l'intelligence vraie de la nature vivante et sur les indications directement fournies par ses besoins? Nous pouvons marcher dans cette voie, sans redouter les échos des négations et des dédains de Magendie.

La possibilité de saisir la production physique des désordres morbides et d'y opposer une action physique contraire devenait le seul art légitime dans l'ordre expérimental où se plaçait Magendie. La médecine des indications fondée sur les affections et les réactions de l'économie vivante lui semblait le plus nébuleux des rêves; une médication digne de ce nom est celle-là, seulement, qui peut remettre en l'état le ressort endommagé de la machine organique. Or, l'esprit le plus décidément systématique ne saurait imaginer une médecine et un art qui réalisent de telles conditions physico-mécaniques. Aussi, pour Magendie, n'y avait-il pas plus d'art médical qu'il n'y avait de médecine. Le scepticisme thérapeutique devait s'offrir comme l'inévitable refuge de cet illustre expérimentateur. L'art de guérir lui paraissait un leurre bon à prendre les simples parmi les savants, au plus, bon à calmer l'imagination de ceux qui le réclament. « Aussi, dit M. Fr. Dubois, avait-il à peu près abandonné son service d'hôpital, et ne faisait-il plus à l'Hôtel-Dieu que de courtes et rares visites; c'étaient ses internes qui, en son absence, et pour soulager les malades, prenaient sur eux de pratiquer quelques saignées et d'administrer quelques médicaments. Magendie n'y mettait pas d'empêchements; mais c'était de leur part une prétention qui le faisait sourire : « On voit bien, leur disait-il quelque-» fois, que vous n'avez jamais essayé de ne rien faire! » En ville, dans les consultations avec les confrères, il ne faisait aucun mystère de sa parfaite indifférence pour toute espèce de médication. Si quelque jeune praticien, plein de foi dans son art, insistait avec chaleur pour lui faire approuver tel ou tel moyen de traitement, Magendie n'y mettait pas d'opposition; il se contentait de répondre : « Si cela vous amuse, faites-le. » Tel était le scepticisme à la fois railleur et impuissant auquel cette médecine d'amphithéâtre avait conduit Magendie. »

Si cela vous amuse, faites-le! Quoi donc, notre art peut-il tomber si bas, qu'un médecin ose jamais le proposer comme jeu! Prononcer de telles paroles, est-ce se respecter soi-même et respecter les autres! Osons le dire librement et en face de tous : le scepticisme ne peut être au fond de la pensée et devenir la règle d'un médecin, sans altérer en lui le sens moral et flétrir la dignité du caractère. Systématiquement arrivé en plein doute, le médecin ne peut, sans mentir à lui-même et mentir aux autres, garder la charge d'un service d'hôpital, ni se rendre aux invitations de malades qui espèrent en lui. Il doit abandonner tout exercice d'un art auquel il ne croit pas. Magendie ne le fit pas; sa conscience ne lui fit pas entendre ces avertissements délicats qui élèvent si haut l'homme qui sait leur obéir. Les malades, attirés par la réputation de Magendie, lui demandaient un conseil thérapeutique motivé; de pareils conseils n'existaient pas d'après lui. Pourquoi venait-il auprès d'eux? pourquoi des semblants de délibération? pourquoi de vaines paroles et de vaines prescriptions? Comment sa conscience acceptait-elle les hontes d'un tel simulacre? La conscience! Magendie aurait pu railler à bon droit ce mot métaphysique. Quelle est cette chimère? Est-ce un fait visible ou palpable? que peut-on écouter une voix idéale et qui ne frappe pas le sens? Obéir à cette prétendue voix ou lui résister, pratiquer ou renier un art fictif, faire ou ne pas faire ceci ou cela, qu'importe? Tout en ce genre est un et identique, car tout se perd dans les ténèbres du monde philosophique et moral.

Le sensualisme comme méthode philosophique, l'expérimentation comme unique procédé d'observation et de science, la négation pour tous les faits et toutes les vérités que l'expérience n'atteint pas directement, le scepticisme comme règle de l'art médical, sont les anneaux enchaînés d'un même cercle. Il faut y ajouter la crédulité, compagne nécessaire du scepticisme, et l'amour déréglé des essais thérapeutiques, suite non moins inévitable de la crédulité. Celui qui doute de tout est toujours sur le point de croire à tout. Quand l'expérimentation est le seul guide et le seul juge, sur quoi repousser une affirmation que l'on n'aura pas soumise à l'expérimentation? On peut tout proposer à l'expérimentateur, il est prêt à tout faire. Magendie en a fourni de trop fâcheux exemples; je ne me sens pas le courage de es rappeler.

## III.

Les préjugés qui inspirèrent la vie scientifique de Magendie, et qu'il a propagés avec une ardente constance, ne sont pas éteints, tant s'en faut; ils conservent encore des défenseurs dévoués. Les uns les acceptent avec une satisfaction entière et une franchise dont ils ne mesurent pas la hardiesse; comme M. le professeur Rostan, ils répètent encore ces paroles de Magendie : « Je ne puis concevoir comment on peut soutenir l'idée qu'entre les lois qui régissent les corps vivants et celles qui règlent les corps inertes, il existe une ligne de démarcation qu'il n'est pas permis de franchir. » La vie, suivant ces médecins, n'est pas un *fait principe*, c'est-à-dire se rapportant à une causalité spéciale; elle est un résultat de l'organisation moléculaire et de l'aptitude des organes à agir. Cette organisation, cette disposition moléculaire, cette aptitude qui engendre la vie, qu'est-elle à son tour? Un simple produit de la matière physique, un résultat de sa complexité. Cette physiologie rétrograde prétend, sous le nom d'organicisme, se donner comme un système nouveau. Pourquoi oublier Descartes, et lui dérober le mérite d'aussi précieuses inventions? N'a-t-il pas émis, dans ses détails les plus précis, la conception philosophico-médicale que M. Rostan nous propose? N'a-t-il pas associé, de sa propre autorité, une âme immortelle à une machine hydraulico-mécanique chauffée par le feu, armée de ressorts, de poulies, de cordages, d'organes disposés au mouvement? N'invoque-t-il pas, lui aussi, l'intervention d'une volonté supérieure et créatrice pour expliquer cet informe assemblage qui nous est donné pour l'être vivant? Or, est-il permis, en science, d'invoquer de pareilles interventions, et ne pouvoir s'en passer, n'est-il pas déjà une irrémissible condamnation? Quelle étrange existence que celle que l'on constitue ainsi par une sorte de violence, que l'on compose d'éléments hétérogènes que rien ne pousse d'eux-mêmes l'un vers l'autre, et qui se sépareraient, n'était l'Être suprême qui exige leur réunion? Mais laissons les souvenirs et les questions qui se pressent en foule sur ce sujet. La physiologie de Descartes a beau reparaître affirmative et satisfaite d'elle-même, elle devient tous les jours plus étrangère au mouvement scientifique. Ces contrefaçons de Magendie n'offrent guère de sérieux dangers; elles ne sauraient tromper que des médecins incapables de s'interroger, et qui ne peuvent élever leurs conceptions au-dessus du mécanicisme, de la juxtaposition et des mutuels rapports des pièces organiques.

Ce physiologisme, doublé d'animisme et de théocratisme, fait aujourd'hui sourire ceux-là mêmes qui, vraiment imbus du positivisme actuel, ne croient qu'à l'analyse des phénomènes et à la constatation brute des faits physico-organiques. Ceux-ci sont les vrais et importants continuateurs de l'œuvre de Magendie. Leur activité que nous louons sincèrement, leurs patientes et délicates recherches, les faits analytiques dont ils enrichissent le domaine biologique, leur ont valu une incontestable influence. Mais à ces travaux méritoires, ils associent les négations philosophiques auxquelles se plaisait Magendie; ils professent le même mépris des doctrines, montrent les mêmes ignorances du passé, et encouragent les plus orgueilleuses et vaines aspirations.

Si ces derniers enseignements n'étaient donnés que par des voix isolées, sans retentissement et sans haute autorité, nous les entendrions avec moins de regret, et les subirions comme un mal nécessaire. Car, nous le savons, il est des préjugés et des illusions qui doivent garder leur tente dressée sur le sol médical : bien des travailleurs, parmi nous, pour soutenir leurs efforts, ont besoin de recourir aux excitations de certaines erreurs, et de donner pour théâtre à leurs travaux des horizons factices. Mais les enseignements dont nous parlons ont conquis un rare prestige; des maîtres influents se sont dévoués à les développer; une école opiniâtre et convaincue les reçoit et les propage. Ils menacent la science et l'art médical. La médecine du passé et l'observation clinique sont déclarées déchues; la médecine, nous disent-ils, ne jouit pas encore de l'existence scientifique. L'expérimentation peut seule relever des abaissements où elle se traîne depuis vingt siècles la science de l'homme vivant. La *médecine expérimentale*, voilà le mot nouveau sous lequel on glorifie l'ensemble des opinions dont Magendie s'était fait l'apôtre. Pour les médecins de cette école, il n'y a de démontré en médecine que ce que l'expérimentation établit directement; le reste n'est que vue d'esprit, supposition gratuite ou stérile généralisation. L'expérimentation est l'unique méthode scientifique; elle est le seul agent de nos progrès futurs. S'il y a, médicalement, peu de chose de certain, c'est que l'expérimentation a été jusqu'ici peu consultée. La médecine commence à peine, ses principaux linéaments ne sont pas encore fixés; comme l'enfant à sa naissance, elle bégaye ses premières paroles.

Devant de telles affirmations, bien des médecins seront disposés à penser que nous exagérons la portée de paroles peu mesurées, ou que nous relevons d'obscures assertions qu'il serait préférable de laisser dans l'oubli. Nous le répétons, il s'agit au contraire d'enseignements considérables; et, afin de préciser, nous avouerons n'avoir fait ci-dessus que traduire fidèlement l'enseignement donné du haut de cette même chaire du Collége de France qu'occupait Magendie. Oui, l'élève et l'éminent successeur de Magendie ne craint pas de nous conseiller une réforme radicale de la science, et il nous annonce l'avénement d'une médecine nouvelle, la médecine expérimentale. Si l'on veut juger de la méthode de la réforme et du programme de la science future, il faut lire la leçon d'ouverture prononcée cette année au Collége de France (1). La voix elle-même de Magendie semble avoir parlé ce jour-là; c'est à peine si quelques nuances et quelques accents réservés sont venus témoigner que les temps ont marché, et qu'il faut adoucir certains traits et tempérer de trop audacieuses témérités. Il ne sera pas sans intérêt de justifier notre dire, et, en empruntant des citations à cette seule leçon, de retrouver Magendie vivant encore et enseignant parmi nous.

Magendie déclarait l'expérimentation la seule méthode scientifique : « Pour l'expérimentateur, dit M. Claude Bernard, il n'y a qu'un seul grand livre éternel, c'est celui de la nature; il n'y a et il n'y aura jamais qu'une seule méthode pour le lire, c'est la méthode expérimentale. Telle est en deux mots notre profession de foi scientifique; tel est le programme de notre enseignement. »

Magendie ne reconnaissait d'autre autorité que celle des faits : « Le premier caractère de la méthode expérimentale, dit M. Claude Bernard, est de ne relever que d'elle-même, parce qu'elle renferme en elle son critérium, qui est l'expérience. Elle ne reconnaît d'autre autorité que celle des faits. »

Magendie considérait la médecine comme n'étant pas encore une science constituée, c'est-à-dire comme n'ayant trouvé ni sa méthode ni ses principes; il avait

(1) *Cours de médecine du Collége de France*, 15 mars 1864. — *Leçon d'ouverture : La médecine expérimentale* (*Gazette médicale de Paris*, 23 avril 1864).

l'horreur de toute systématisation : « La médecine, prétend M. Claude Bernard, à raison de la complexité des phénomènes dont elle s'occupe, devra être une des dernières sciences constituées. Quoiqu'elle soit encore très-loin de cet état, cela ne nous empêche pas de comprendre que les systèmes médicaux ont fait leur temps, et que la médecine scientifique ou expérimentale est la seule médecine de l'avenir. C'est de ce côté qu'il faut tourner nos regards, et faire converger toutes nos recherches. »

Magendie avouait son scepticisme sur tous les points consacrés par la tradition médicale; l'oubli des anciens efforts de la science lui semblait un premier et essentiel progrès. « Dans les sciences, dit son successeur, la foi est une erreur, et le scepticisme est un progrès. Tous les systèmes à priori ou métaphysiques que les sciences ont créés dans leur évolution embryonnaire doivent, plus tard, quand la science tend à se constituer, être oubliés, et disparaître comme des moyens transitoires devenus inutiles. Le progrès n'est donc pas de restaurer ou de réveiller les anciens systèmes; le vrai progrès consiste à les oublier et à les remplacer par la connaissance de la loi des phénomènes. » Que le lecteur réfléchisse à ces déclarations. N'expliquent-elles pas, à elles seules, l'extraordinaire ignorance qui règne dans l'école expérimentale et positiviste sur l'ensemble des traditions médicales, et le ridicule exposé que cette école en fait, alors qu'elle s'y arrête un instant pour les repousser avec un inqualifiable dédain?

Magendie professait que la science de la vie n'avait qu'un but à poursuivre : déterminer le mode des phénomènes vitaux, établir les conditions expérimentales des fonctions organiques; montrer l'enchaînement, les dépendances et les relations physico-organiques des phénomènes physiologiqnes ou pathologiques. Sous le nom de loi et de conditions des phénomènes, nous allons retrouver les mêmes errements : « Le but que se propose la méthode expérimentale, dit M. Claude Bernard, est le même dans toutes les sciences. Ce but consiste à rattacher par l'expérience les phénomènes naturels à leurs conditions d'existence, ou, autrement dit, à leurs causes prochaines. On obtient par ce moyen la loi du phénomène, et l'on peut s'en rendre maître. L'expérimentateur doit donc en médecine chercher à déterminer les conditions d'existence des phénomènes physiologiques et pathologiques, afin de pouvoir les diriger. » Les médecins éclairés peuvent juger à ces seules lignes quelles illusions nourrit l'expérimentateur. Nous montrerons, un jour, et en détail, quelle chimère c'est de croire pouvoir diriger les phénomènes pathologiques, par cela qu'on aurait déterminé leurs conditions d'existence. Qui de nous imaginera qu'en supposant connus le mode production, les conditions organiques de la fièvre, il aura le pouvoir de la diriger, de l'arrêter, de la susciter ?

Magendie raillait sans pitié ceux qui croyaient devoir interroger la nature des causes premières, et lui demander la nature même des phénomènes observés; à ces causes, il refusait toute réalité possible. Aujourd'hui, on exprime sur ce sujet d'apparents ménagements : on ne nie pas les causes dites premières; mais on n'en proscrit pas moins la recherche, parce que ces causes sont inaccessibles à l'expérience, et qu'il ne faut tenir compte, en science, que de ce que l'expérimentation permet de saisir et de voir. « Cette étude expérimentale, dit M. Claude Bernard, doit bannir à jamais de la médecine la recherche chimérique de la cause première de la vie, qui est insaisissable par l'expérience, comme la cause première de tout autre genre de phénomènes. Par suite, disparaîtront nécessairement tous les systèmes de médecine dans lesquels on personnifie cette cause première, ainsi que cela se rencontre toujours dans l'enfance des sciences. » Reconnaître une cause, n'est en rien la personnifier. Nul n'a prétendu et surtout ne prétend atteindre à la connaissance des causes premières, c'est-à-dire des causes réelles et effectives, par une action directe et physique, et qui permette de les montrer séparées des effets qu'elles régissent, isolées de l'organisme. Cette absurdité, qui commence par détruire la notion même de cause et de force, en imaginant pour elles une impossible matérialisation, est la plus gratuite supposition et la plus inutile. Poursuivre la vie en dehors de l'organisme, et les fonctions en dehors des organes, n'appartient à aucune école médicale, et il serait temps de ne plus prêter aux autres de pareilles divagations pour se donner le facile triomphe de les condamner solennellement. Non, il n'est pas nécessaire que nos sens saisissent une cause et une force pour que nous la connaissions et la jugions. Une cause et une force se lisent et se jugent dans les phénomènes qu'elles réalisent, dans la suite des effets visibles par lesquels elles se développent. La vie se perçoit et se connaît dans l'organisme qu'elle anime, elle évolue en lui et par lui : parler d'elle, et la déterminer par l'observation de ses manifestations organiques, n'est pas créer des entités factices, mais lire et comprendre ce livre de la nature que l'on nous propose de consulter, livre émouvant, perpétuellement engendré, toujours plein de la cause qui l'écrit et de l'activité qu'il raconte. L'ordre vivant est à lui seul notre proche et lointain horizon; et sur tous les points de cet horizon, nous portons la lumière souveraine de la cause que l'on nous dit d'éteindre.

Ce n'est pas là une vaine dispute de mots; c'est la science tout entière, dont le sort s'agite dans ces suprêmes distinctions. Car ceux qui s'acharnent ainsi à proscrire l'étude des causes premières, que font-ils en réalité? Ils proscrivent la vérité et lui substituent d'inévitables erreurs. La notion de cause est tellement fondamentale, tellement inhérente à l'esprit, que ceux mêmes qui la repoussent, la reprennent aussitôt sans le savoir, et sous d'autres noms. On ne veut pas de la vie comme cause première, parce qu'on ne veut pas d'une cause première; on déclare s'en tenir aux conditions expérimentales des phénomènes vitaux; mais, ces conditions expérimentales, on leur attribue bientôt, et avec le plus parfait laisser-aller, le rôle des causes condamnées; et comme ces conditions expérimentales sont toutes physico-chimiques, ce sont les forces physico-chimiques que l'on donne, sans le savoir, comme les causes premières et réelles des phénomènes vitaux. La vie disparaît par cela seul: on ne la prend pas comme notion doctrinale et supérieure des faits vitaux; on craint de bâtir avec elle un système, de placer une entité imaginaire en tête de la science; on bâtit le système inverse, et l'on introduit la plus fatale erreur au sein des sciences biologiques. On supprime la cause réelle dans tous les effets qu'elle suscite, pour rapporter ces effets à une cause erronée; et de la sorte on corrompt, dans leur germe, la suite entière des notions et des faits biologiques. C'est là qu'il faut surprendre la secrète et profonde faiblesse de la plupart des études physiologiques de ce temps. On dissocie toutes les fonctions organiques, on oublie l'unité dont elles réalisent les modalités diverses, les concours synergiques qu'elles affectent, la fin pour laquelle elles sont ordonnées; on efface leur activité propre, pour ne chercher en elles que le mode d'exécution, que le comment physique, que le mécanisme organique. Ces dernières études, loin d'être subordonnées et de traduire les conditions analytiques ou instrumentales de l'être, sont affranchies de toute soumission et de tout rapport, et considérées en elles-mêmes et comme indépendantes. Elles portent, dès lors, en elles, leur principe et leur cause; le mécanicisme s'impose à l'économie vivante, et vient en régler les manifestations diverses. Les phénomènes vitaux, au lieu de surgir et de marcher dans leur palpitante spontanéité, se transforment en phénomènes passifs, et l'économie ne reçoit plus que des mouvements communiqués.

Le mal qui sévit aux origines grandit et s'accentue en traits plus énergiques, à mesure que ses applications se mutiplient et s'éloignent. Aussi les erreurs précédentes, transportées de la biologie dans la pathologie, semblent y devenir plus absolues et plus ouvertement subversives. On a repoussé la vie comme cause et force propres du domaine de la physiologie ; on a demandé aux conditions physiques la raison des phénomènes vitaux : on transporte en pathologie, l'ensemble de ces préjugés en demandant la raison des phénomènes morbides non plus à l'affection, c'est-à-dire à la vie affectée, mais à la lésion, au trouble de la machine, directement provoqués par un effort hostile, par un choc extérieur. On poursuit une pathogénie mécanico-organique, et l'on en déduit la nature de la maladie ! Magendie raillait les médecins (ce mot revient bien souvent; mais la raillerie n'est-elle pas l'arme obligée de ceux qui placent la supériorité de l'esprit dans les négations?) qui demandaient aux diathèses, au génie épidémique, à la constitution médicale régnante, aux habitudes, aux prédispositions héréditaires ou idiosyncrasiques, aux influences morales, à l'état des réactions vitales, la nature des maladies observées par eux. Que sont ces mots vagues, sinon une fantaisie pure de l'esprit que l'expérimentation ne règle pas? Aujourd'hui, les mêmes préjugés sont émis : « Il me suffira, dit M. Claude Bernard, de vous prévenir contre les objections banales de certains médecins qui vous diront que ce qu'on voit sur les chiens ne saurait s'appliquer à l'homme ; que les maladies sont liées à des diathèses ou à des constitutions médicales, et que chaque malade a son idiosyncrasie que jamais l'expérimentation ne pourra atteindre, etc. Il n'y a là que des mots qui cachent l'ignorance de ceux qui les prononcent, et rien de plus. »

C'est en ces termes et avec cet abandon dédaigneux que la physiologie expérimentale repousse des notions qui sont la suprême règle de la pratique, le produit le plus élevé et le plus pur de l'observation médicale. Je le demande aux médecins, qu'ils imaginent ce que deviendrait la science et ce que deviendrait l'art, si l'on en supprimait ces racines nourricières ! Que l'on essaye de retrancher un seul de ces mots, et la notion qu'il représente, la diathèse, par exemple, et que l'on mesure par la pensée quelle mutilation subirait la médecine ! En quelle nuit profonde tomberait une des plus larges parts de la nosologie ! Quelle obscurité aussitôt répandue sur un nombre immense de phénomènes morbides ! Et la thérapeutique, lancée au combat contre une suite interminable de manifestations locales, ne deviendrait-elle pas le plus impuissant et le plus meurtrier des arts ?

Nous avons vu la thérapeutique de Magendie se résumer dans l'indifférence et le scepticisme. La science expérimentale qu'il avait acquise le laissait sans direction au lit du malade ; il l'avouait, et se riait de ceux qui croyaient à la science et à l'art. La médecine expérimentale que l'on professe aujourd'hui n'observe pas une logique aussi outrée ; elle fait la part des nécessités pratiques, et s'attache à ne pas révolter trop fortement contre elle l'esprit des médecins. Elle sépare la science de l'art, et nous exhorte à faire de la science, de la vraie science, quoiqu'elle ne conduise pas encore à une thérapeutique sûre et éclairée. Mais, ajoute-t-elle, cela ne doit pas empêcher le médecin, dont la science est muette en face du malade, de se livrer à l'empirisme, et d'appliquer, à défaut de médications rationnelles, des médications dont on ne comprend ni le pourquoi ni l'action, mais qui ont le privilége d'être efficaces. Tels sont les préceptes adoucis, donnés aujourd'hui au Collége de France. « Des médecins, dit M. Claude Bernard, plus occupés de la pratique que de la théorie, sont arrivés à regarder la médecine comme une simple industrie. Ils croient qu'il faut détourner l'esprit des jeunes gens de toutes ces études théoriques, qui sont pour le moment sans application, et ils soutiennent que les Facultés doivent faire des guérisseurs, c'est-à-dire instruire les élèves dans l'application de leur art, au lieu de leur donner une brillante éducation scientifique, qui les laisserait dans l'embarras au lit des malades. Ce raisonnement, qui est dangereux parce qu'il favorise à la fois l'ignorance et la paresse, est doublement erroné. D'abord, la médecine scientifique ou expérimentale n'exclut pas l'empirisme ni la connaissance des moyens que la médecine pratique y a puisés jusqu'ici. Au contraire, l'empirisme a été le terrain sur lequel se sont développées toutes les sciences. Le médecin expérimentateur ne nie donc pas les faits de l'empirisme ; il les critique, les analyse, cherche à les expliquer et à en trouver la loi par tous les moyens que la science actuelle peut lui fournir. Cette tendance scientifique qui élève l'esprit n'empêche pas d'employer, comme le praticien, les remèdes empiriques tant qu'on ne pourra pas faire mieux. »

Sachons voir ce que cachent ces lignes, et peser les conseils qui nous sont offerts. Que nous conseille-t-on ? Ou d'agir en vertu d'explications organico-mécaniques, et d'après les déductions de la physiologie expérimentale, ou d'agir empiriquement, c'est-à-dire sans règle assurée, sans données scientifiques, livrées par une connaissance rationnelle des phénomènes physiologiques et pathologiques. Avons-nous besoin de démontrer ce que serait la première de ces deux thérapeutiques ? L'art de guérir doit-il aucune de ses précieuses ressources à la médecine expérimentale? Nous l'avançons hautement, si l'on voulait combattre les symptômes morbides par des moyens fondés sur l'idée que l'expérimentation nous donne de leur production organique, nous instituerions fatalement la plus désastreuse des thérapeutiques. Nous combattrions, dans l'accès fébrile, une période de froid intense par les réfrigérants et les antiphlogistiques, car le froid initial de la fièvre est produit par l'irritation et l'état sthénique des nerfs vaso-moteurs; et nous traiterions par les toniques et les cordiaux la période subséquente de chaleur et de turgescence, car elle est due à l'asthénie, à l'état semi-paralytique de ces mêmes nerfs vaso-moteurs. Dans les deux cas, nous irions à l'encontre de la nature souffrante.

En dehors d'une thérapeutique basée sur d'aussi perfides éléments, tombons-nous nécessairement dans l'empirisme? Nullement; l'observation et la tradition médicales ont lentement élevé l'art admirable des indications médicales, fournies par la nature vivante, par l'étude de la marche naturelle des maladies, de leurs terminaisons, des ressources que crée et déploie l'économie réagissante. C'est sur cette base qui n'est en rien empirique, qui est toute rationnelle, mais d'un rationalisme sain et réel, et non artificiel et systématique, que repose la thérapeutique à laquelle nous croyons. Tout ce qui est assis sur ce sol des indications devient par cela seul scientifique; l'empirisme lui-même y est transformé et ennobli. Nous accueillons, en effet, l'empirisme; il est des indications auxquelles nous n'avons pu satisfaire que par la constatation empirique des effets de telle ou telle substance étrangère, qualifiée de médicament dès que son pouvoir de remplir une indication thérapeutique a été reconnu. Mais ce côté empirique ne domine pas dans l'art; il y est soumis à la connaissance des indications; et, dans cette soumission, il perd son caractère de connaissance purement empirique pour s'élever au caractère du fait scientifique et prendre place dans le domaine d'un art légitime et régulier. L'empirisme n'a pas été, comme on nous le dit, le terrain sur lequel se sont développées toutes les sciences; non, ce n'est, au contraire, qu'en quittant ce terrain que les sciences se sont constituées. C'est en acquérant les notions premières de leur sujet, c'est en prenant conscience de leurs principes fondamentaux, et possession de leur méthode, que les sciences peuvent naître et se développer: ainsi, de l'alchimie se dégagea, en un jour de lumière, la chimie moderne; et ce n'est pas dans les données empiriques que se trouvent les éléments créateurs et nécessaires dont les sciences doivent sortir. Ne séparons donc jamais la science de l'art. Répudions ce déplorable préjugé qui semble admettre, parmi nous, des savants d'un côté et des artistes de l'autre. Sachons-le bien, former des savants, c'est former des guérisseurs, et réciproquement. Quoi qu'on en dise au Collége de France, instruire les élèves dans l'application de leur art, c'est leur donner une solide éducation scientifique, supérieure à celle qui leur apprendrait une inutile science, et les laisserait dans l'embarras au lit des malades. Il n'y a pas d'enseignement médical sans un sentiment profond de ces vérités. Aussi écoutez l'un des plus savants professeurs de notre Faculté : « Sans la notion des principes, dit M. Monneret, pas de véritable science; sans les méthodes rigoureuses d'observation, sans l'art, point de véritables médecins. Qu'on cesse donc de se dire exclusivement théoricien ou praticien, savant ou artiste. Les qualités que ces mots désignent indiquent, quand elles sont réunies, toute la perfection désirable chez un médecin; séparées l'une de l'autre, elles ne sont que des défauts (1). » Ces paroles autorisées montrent l'étroite

(1) *Traité de pathologie générale*, vol. I, p. 5.

et indispensable alliance de la science et de l'art; elles font justice de ces prétendues éducations scientifiques qui ne tournent pas directement au profit de l'art, et de ce prétendu art empirique qui ne découle pas directement de la science elle-même.

Veut-on voir cependant où peut conduire le mélange informe de science à l'état naissant et d'art exclusivement empirique, auquel on convie les médecins? Veut-on juger du trouble des intelligences qui s'inspirent de tels dogmes, et du caractère véritable des habitudes thérapeutiques qui en ressortent? Nous n'avons pas à le demander à l'illustre physiologiste du Collége de France, que ses devoirs ne placent pas en face du malade. Il faut plutôt recueillir sur ce point les aveux de ceux qui ont épousé les espoirs de la médecine expérimentale, et se voient en même temps obligés de satisfaire chaque jour aux obligations pratiques de la profession médicale. Leur situation ne semble-t-elle pas douloureuse? Voici, par exemple, comment s'exprime l'un de mes plus distingués collègues, M. le docteur Lorain, que les théories et les promesses que nous combattons ont ouvertement séduit: « Quant aux indications thérapeutiques motivées, je voudrais bien savoir à quelles lois obéit l'anarchie thérapeutique dont la médecine nous donne l'affligeant spectacle. Quoi! des indications thérapeutiques motivées! Est-ce que la thérapeutique n'est pas souvent la négation de la raison et du sens commun? Est-ce que la tradition aveugle, l'empirisme inconscient, l'inspiration ou la fantaisie, ne sont pas les règles de la thérapeutique presque tout entière? Est-ce pour nous que l'auteur réclame cet honneur? Nous le déclinons. Est-ce pour lui? Alors nous l'attendons aux preuves, trop certain à l'avance du résultat de cette enquête (2). »

(2) Ces lignes appartiennent à une suite d'articles intitulés : *A pro-*

Ne croirait-on pas entendre Magendie avec plus de feu et d'élan? Sans doute, M. Lorain, en écrivant ces lignes, a dû exagérer, en ce qui le concerne et en ce qui concerne l'école dont il parle, l'anarchie thérapeutique dont la médecine offre, suivant lui, l'affligeant spectacle. Nous le connaissons trop pour ne pas savoir qu'il se refuserait à une thérapeutique de hasard et de fantaisie, et qu'il ne se résoudrait pas à un pareil jeu sur la vie des autres; il comprend les devoirs du médecin, et il est à leur hauteur; mais que dire d'un enseignement qui pousse à de tels aveux un de ses plus distingués adeptes?

Dira-t-on que ces aveux expriment la dure réalité, même pour ceux qui les repoussent? On nous attend personnellement aux preuves, et l'on annonce à l'avance les résultats de l'enquête : ces preuves, nous pouvons nous refuser à les donner, sans ébranler en rien les jugements que nous portons sur l'art dont on nous fait le tableau, et sur la science qui aboutit à de tels faits pratiques. Certes, nous ne dirons jamais : Venez nous voir à l'œuvre, et jugez des doctrines que nous soutenons. Un tel appel ne serait pas seulement outrecuidant; il prouverait à lui seul que nous ne connaissons ni la hauteur, ni les difficultés, ni les réalités de l'art que nous cultivons. Oui, il y a une thérapeutique qui n'est ni la négation du sens commun et de la raison, ni un empirisme inconscient, ni une arbitraire fantaisie; oui, il y a des indications thérapeutiques motivées: la tradition médicale, qui domine et surpasse les plus éminents d'entre nous, l'établit contre toutes les dénégations; la science l'affirme et le prouve avec des certitudes invincibles, et nul n'a encore ébranlé ces deux colonnes de l'art. Mais ces indications thérapeutiques, il faut les découvrir; il faut souvent les dégager du milieu

*pos du Traité de pathologie générale de M. Em. Chauffard; études de philosophie médicale*, par M. Lorain, agrégé de la Faculté de Paris (*Gazette des hôpitaux*, juillet 1863).

des obscurités qui les enveloppent, les saisir à travers des formes mobiles, des phénomènes tumultueux, des apparences trompeuses. Nous ne le savons que trop, exceller en cet art est un don rare, et dont sont éloignés bien de ceux qui se vantent de le posséder ; cela prouve-t-il que cet art n'existe pas? Pour nous, en face du malade, nous ne croyons jamais qu'une thérapeutique motivée n'existe pas; mais nous doutons souvent de nos lumières pour la trouver; nous ne doutons pas de l'art en lui-même, mais de l'art réalisé par nous. Que notre collègue en arrive à ce doute et le formule, soit pour son compte, soit pour celui des autres, rien de mieux; mais si son scepticisme et ses négations s'étendent véritablement jusqu'à l'art lui-même, qu'il y regarde de près, et qu'il se demande si ce n'est pas là un indice que la voie dans laquelle il est engagé n'est pas la véritable voie médicale. La question en vaut la peine : un esprit fin comme le sien, soutenu par une instruction étendue, peut résister à l'anarchie thérapeutique dont il est témoin plutôt qu'acteur. Mais M. Lorain est-il sûr que les paroles qu'il prononce, que le scepticisme qu'il proclame avec tant de franchise, n'exerceront pas une funeste influence sur les jeunes intelligences qui l'écoutent, et ne les détourneront pas peu à peu, et malgré l'exemple contraire que sûrement il leur donne, du travail, de la science et du devoir lui-même. Pour aimer et respecter son art, ne faut-il pas y croire? Et si l'on n'aime ni ne respecte l'art que l'on pratique, où sont les devoirs? Que devient la mission du médecin? Où est bientôt la dignité du caractère? Tout se tient, s'enchaîne et se commande dans les actions humaines. Les exigences, en particulier, et les pentes de la vie médicale sont telles, qu'il faut, pour la conserver intègre, veiller avec soin à la pureté des sources; c'est par là surtout que nous pouvons nous défendre contre un assaut incessant de flots corrupteurs.

Il serait superflu d'emprunter de plus longues citations à l'enseignement actuel du Collége de France : celles-ci suffisent à en faire apprécier le caractère dogmatique. Elles nous montrent que l'école expérimentale n'a répudié aucun des préjugés patronnés par son chef. Magendie a pu disparaître; son esprit vit tout entier, et anime une ardente et laborieuse génération. Ses préjugés, qui, dans l'art, se résumaient en un scepticisme absolu, se voilent aujourd'hui sous un empirisme d'attente; ou, lorsqu'ils se découvrent, laissent voir l'anarchie, maîtresse souveraine de la thérapeutique. L'anarchie, en science et en art, n'est qu'une forme du scepticisme. L'école expérimentale conserve donc immobiles les dogmes sur lesquels Magendie l'avait fondée : les mêmes méthodes sont exclusivement employées; les mêmes interprétations du passé médical sont émises, les mêmes dédains affichés; les mêmes promesses sont faites sans être plus tenues : on en appelle aux mêmes et stériles progrès; on attend toujours tout de l'avenir; le présent aboutit à la même impuissance pratique.

Cependant cette école, toujours à l'exemple de son chef, travaille et sans relâche. C'est là sa gloire, et nous sommes heureux de le reconnaître. Elle soumet la matière organique et les fonctions de l'être à des interrogations multipliées, ingénieuses, et qui, dans les mains heureuses de l'éminent physiologiste dont nous venons de combattre les tendances médicales, ont produit de brillantes analyses. C'est là une éloquente justification que nous proclamons bien haut. Nous ne cédons pas, cependant, à l'entraînement du plaidoyer en acte qu'on a le droit de nous opposer; nous ne croyons pas devoir faire fléchir l'ensemble des plus importantes vérités devant les succès d'une expérimentation habile et pénétrante. Ces succès, la science en profite et s'en sert pour porter plus loin ses vues, et ajouter de nouveaux détails au tableau animé de la vie ; mais elle sait que ces nuances et ces traits nouveaux ne peuvent trouver leur véritable place qu'à la lumière de notions synthétiques définitivement acquises, et immuables sur les sommets d'où elles rayonnent. La science de l'homme est en possession de ses principes et de ses méthodes; seule, cette possession lui permet de retrouver la vie dans les actes et dans les phénomènes que l'expérimentation perçoit ou suscite, et d'acquérir ainsi une connaissance réelle et scientifique de ces mêmes actes et phénomènes.

## IV.

Les figures saillantes de Broussais et de Magendie nous montrent le sensualisme médical, fier de lui-même, s'affirmant sous les formes les plus hardies, et tour à tour les préférées d'une foule livrée aux séductions faciles et aux promesses inconsidérées. La première traduit un sensualisme épris du vieil esprit de système, cherchant à couvrir sa nudité d'un vêtement philosophique, ardent à renverser les traditions vivantes du passé, pour leur substituer des conceptions nées en un jour d'orage, et destinées à ne laisser d'autre bruit que celui de leur soudaine apparition. La seconde introduit un sensualisme plus absolu et plus conséquent, qui dédaigne les aspirations systématiques, et perd dans le fétichisme du fait expérimental le sens, même obscurci, des exigences et des conditions scientifiques. Ce sensualisme simple et net devait évidemment supplanter le premier; il est moins exposé aux questions embarrassantes, aux réfutations, aux attaques; car il refuse d'aller sur le terrain où elles pourraient se produire. Ne croyant qu'aux faits, il prétend n'avoir à répondre qu'aux faits; dès lors il ne reconnaît d'autre adversaire que lui-même, et la lutte le laisse toujours triomphant.

Ces formes sont loin d'épuiser le sensualisme médical : il en est de moins osées, et même de cachées et d'obscures à des degrés divers. Bien des médecins, en effet, se rattachent à l'école philosophique de la sensation, mais le font sans ostentation, et avec une sorte de modération qui, de loin, prend un faux air d'éclectisme et de sagesse. Ils ne mettent pas leur gloire à tirer d'un principe toutes les conséquences qu'il renferme; ils cherchent, au contraire, à en éviter certaines comme des excès fâcheux, et à pallier les termes extrêmes auxquels aboutissent tels savants qui partent du même point de départ. Les maximes les plus sages, disent-ils, et les notions les plus sûres peuvent être tournées en préceptes dangereux, et en assertions condamnables. Peu dévoués à la logique des choses, ces médecins, pressés par la vérité, se font parfois inconséquents, et allient les dogmes contraires. Ils ne reconnaissent pas ouvertement les grandes vérités doctrinales et pratiques de notre science, sans oser cependant les nier hautement. Quand ils les rencontrent malgré eux, ils les amoindrissent le plus qu'ils peuvent; et quand ils les ont ainsi mutilées, quand ils en ont tari la fécondité, et éteint le retentissement dans la science entière, ils condescendent alors à en sauver les tristes débris. Cette science fluctuante et déshonorée est d'un cours plus facile et plus durable que la négation radicale des sectaires fermes dans leur opinion. D'un exemple plus accessible à la foule des esprits paresseux et sans vigueur, elle est plus funeste en cela. La pratique de ces médecins est routinière et sans portée : l'indifférence ou l'entêtement la marquent. Le scepticisme est au fond de leur pensée; seulement ils ne savent le voir, ou ils craignent de l'exprimer. Ils ont quelquefois l'air de croire et ils agissent; mais leur croyance est toute à la surface, et leur action n'est jamais sérieusement motivée.

Parmi ces médecins, il en fut néanmoins qui se montrèrent réellement émus de la décadence que nous préparait le sensualisme déterminé et systématique. Ceux-là tentèrent de remonter le courant, sinon jusqu'aux sources mêmes, de façon du moins à s'éloigner des abîmes; ils luttèrent contre les entraînements avec plus de résolution que les indécis et les timides qui pactisaient trop ouvertement avec les préjugés dont le flot montait. Ils comprirent vaguement la puissance des traditions médicales, et essayèrent d'en retenir plutôt que d'en ranimer les inspirations effacées. Soutenus, en outre, par une observation attentive, et guidés par la droiture naturelle de leur esprit, ils tâchèrent de relever la situation abaissée où les novateurs et les sceptiques avaient conduit la science et l'art. Ces médecins ont peu cherché à inventer; ils n'ont pas prétendu renouveler la face de la science, ni même reculer bien loin les limites des régions connues avant eux; mais ils ont tenté de raffermir la science ébranlée, et de demeurer sur ses domaines désertés. Cette tentative, ils l'ont heureusement poursuivie durant un long enseignement médical; et cet enseignement, sérieusement estimé, leur a valu une juste et durable influence, et leur assure une gloire peu retentissante, mais incontestée.

Cette gloire, et l'on a compris peut-être qu'il s'agit de celle de Chomel et de son école, n'a pas eu cependant le pur éclat dont elle eût pu briller. Le sensualisme et ses faiblesses l'ont gagnée et ternie. Chomel, en effet, n'a pas repoussé les préjugés et les opinions systématiques qui l'offensaient, en leur opposant virilement les saines et fortes doctrines. Il subissait, sans qu'il en eût conscience, le joug dont il se croyait affranchi, et ne saisissait pas l'éternelle inanité du philosophisme régnant. Il n'avait que des moments de révolte, et seulement contre les conséquences extrêmes, alors qu'aux yeux de tous elles menaçaient directement l'existence même de sa chère médecine. Ce fut là le mal caché qui frappa de stérilité ses efforts de sage réaction et éteignit toute vie dans ses écrits dogmatiques. Il crut la vérité médicale sans lien avec les vérités générales; il dédaigna de s'arrêter à celles-ci; il les considéra même comme conduisant le médecin aux systèmes, aux théories préconçues. Pour éviter les erreurs auxquelles mène une fausse philosophie, il proscrivit toute philosophie. Tel fut le caractère de sa lutte contre Broussais. Il opposa au fougueux systématique ce mot d'ordre, bientôt répété par tous : plus de systèmes; tous sont exclusifs et faux. Chomel eût eu raison s'il eût nettement conçu le sens réel du mot repoussé par lui; mais loin de là; système, pour lui, signifiait toute notion première; il ne distinguait en rien les interprétations véritablement systématiques d'avec les principes essentiels et les notions doctrinales. Il condamna les uns comme les autres sous le nom de *théories brillantes*, et prétendit les remplacer par une *tendance constante vers ce qu'il y a de positif en médecine*. Ce positif, il le plaça tout entier dans les faits; il prêcha le règne de l'observation pure réglée avec soin, et pratiquée par des sens exercés.

Chomel ne sut pas voir qu'il ramenait, à travers ces mots et ces préceptes, un sensualisme mortel, et que l'empirisme et le doute, redoutés par lui, étaient au bout d'une application rigoureuse de son enseignement. Il échappa en pratique, et par d'heureuses inconséquences, à ce positif absolu, au phénoménalisme dans lequel il voulait renfermer la pathologie générale. Il entrevit les grandes vérités médicales, celles que ne livre pas la constatation brute des faits matériels de l'organisme, et qui s'élèvent alors qu'on cherche les causes en regard des actes de la nature vivante. Mais ces vérités entrevues, il ne parvenait pas à les préciser ; elles semblaient bientôt se dérober à lui, comme des ombres sans corps. Cet éminent médecin ne reconnut jamais la fécondité des éléments souverains et synthétiques de la médecine ; il ne sut en saisir la présence immanente au sein de tous les faits médicaux ; il les accueillait à un moment comme belles et hardies pensées, pour les délaisser bientôt comme inutiles en réalité, et peut-être dangereuses. Quand il avait célébré les avantages d'une observation prudente et la connaissance exacte des signes de maladies, avantages que d'ailleurs nul ne contestait, Chomel croyait avoir tout dit.

Mais les faits et les idées cherchent leurs pentes naturelles, et l'on ne peut les plier aux exigences de courants contraires. Chomel introduit la lutte et non l'harmonie dans son enseignement hésitant. D'un côté, il professe le rejet de toute doctrine, et la préoccupation exclusive du positif et du fait ; il repousse de la science toute pensée qui ne se borne pas à constater et à enregistrer des produits de sensation ; à la place d'un art fondé sur les indications fournies par les mouvements et les besoins de la vie, il enseigne un empirisme éclairé des lueurs incertaines de l'observation pure et d'une tradition affaiblie. D'autre part, il ouvre une porte dérobée à des éléments dominateurs, nécessaires, et dont, en même temps, il méconnaît la nature et la puissance.

En effet, ces éléments essentiellement généraux, il faut partout les retrouver ; tout fait particulier vit en eux et par eux ; prétendre observer en dehors d'eux est une radicale impossibilité, pour qui les accepte un instant. Cette impossibilité, Chomel ne la discernait pas ; il semblait vouloir la réaliser comme l'idéal du bon sens dont il faisait son guide. Après avoir déclaré que tout est dans l'observation, et que l'analyse est la seule méthode scientifique, il parlait de vérités synthétiques et générales, comme si celles-ci pouvaient jamais sortir de l'expérience pure et des recherches analytiques. Aussi ces vérités, quand Chomel en invoquait l'image, expiraient-elles sur place, loin de s'étendre et de dominer au loin ; l'analyse subsistait bientôt seule, et, sans retour, livrait la science au plus stérile phénoménalisme, ou à un vague et obscur mécanicisme.

La médecine, telle que Chomel la comprend, devient donc une association, ou mieux une juxtaposition d'éléments et de notions contradictoires. Elle ne peut subsister en l'état; il faut qu'elle se transforme et choisisse. Elle a devant elle deux voies qui ne sauraient se rencontrer : dans l'une règnent le culte indépendant des faits, la mobilité incessante et perfide des phénomènes, les vertiges d'une sensation qui veut tout tirer d'elle-même ; dans l'autre marchent ceux qui pensent ne connaître les faits qu'en les jugeant dans leurs causes, qui ne comprennent la science que sous l'action créatrice de la notion de cause, de force et de fin; sur cette science plane l'esprit avec ses certitudes supérieures, avec les clartés qu'il va puiser dans les régions des lumières immuables. Tel est le choix redoutable auquel sont conviées nos générations, et qui va décider du sort de la médecine, de ses grandeurs prochaines, ou de sa dégradation fatale.

La direction imprimée aux études et les efforts tentés par l'école expérimentale rendent le danger pressant : « Jamais, dit M. le professeur Monneret, la méthode synthétique n'a été plus nécessaire qu'aujourd'hui, et si l'on ne parvient pas à la faire accepter de nos contemporains et de ceux qui enseignent, on verra les études s'affaiblir et le niveau des connaissances s'abaisser. »

Mais cette méthode synthétique, il faut la concevoir dans sa mâle sévérité. La marche des choses et les mouvements de l'opinion ne souffrent plus des alliances contre nature. Le positivisme philosophique, en pénétrant dans les sciences médicales, nous aura rendu le service d'accuser plus ouvertement les tendances contraires qui nous séparent en deux camps : méthode, doctrine, inspirations pratiques, sens du progrès scientifique, intelligence du passé, appréciation des œuvres accomplies et des besoins de l'avenir, tout est à l'opposé dans les deux directions qui s'offrent à la médecine moderne. La philosophie positive a raffermi tous les préjugés antimétaphysiques de Broussais; ces préjugés, elle en a trouvé une rigoureuse mise en pratique dans l'œuvre exclusivement expérimentale de Magendie ; celle-ci est devenue le modèle admiré de tous, et l'auteur est le vrai chef de l'école nouvelle qui a pris pour devise : l'expérimentation, et rien de plus, en tout et pour tout. Cette école attire à elle une part considérable de la génération actuelle; bien des médecins éminents lui appartiennent, sans peut-être saisir la portée de leur adhésion. N'avons-nous pas lu dernièrement une leçon d'introduction pour l'enseignement nouvellement créé de la *médecine comparée*, donner pour base à cet enseignement ce que le professeur appelait la médecine expérimentale ! Ne nous a-t-on pas dit que dans cette nouvelle façon d'étudier la médecine résidaient tous les progrès futurs de la science, et que les faits expérimentaux devaient à eux seuls absorber notre attention, c'est-à-dire l'attention de nos sens; car ceux-ci sont les vrais révélateurs de l'ordre nouveau ; il faut leur soumettre les forces créatrices de l'esprit, lesquelles désormais n'auront d'autre affaire que d'enregistrer les faits dûment constatés.

Témoins des résultats engendrés ou préparés par ces déviations profondes de l'esprit philosophique et de l'observation médicale, les médecins qui conservent quelque puissance de discernement et de réflexion éprouvent une répulsion invincible. Ils voient la médecine reculer peu à peu devant une expérimentation qui proscrit toute autre étude qu'elle-même; ils voient toute saine certitude, tout art sérieux disparaître, et laisser le champ à une agitation stérile, à un empirisme chancelant et sans base. Ils cherchent un appui contre des entraînements funestes et contre la hardiesse de négations subversives. Cet appui, ils comprendront bientôt qu'ils ne peuvent le trouver dans des compromis qui laissent indécises toutes les vérités vers lesquelles ils tendent. Ils sentent que la sagesse énervée qui inspirait Chomel est un guide impuissant et qui s'affaisse bien avant d'arriver au but; ils demandent d'autres conseils et d'autres méthodes. Ces besoins, instinctivement ressentis ou clairement perçus, appellent une rénovation médicale. Cette rénovation ne viendra que si la science se retrempe résolûment dans les sources vives du spiritualisme, lesquelles ne sont ni les sources d'un animisme mystique, ni celles d'un théocratisme aussi étranger qu'impuissant dans toute constitution scientifique. Le spiritualisme, fondement des connaissances humaines, est tout entier dans la conception des méthodes fondées sur les notions premières de cause, de force, de substance, notions qui émergent des profondeurs mêmes de la pensée. La science sort donc des puissances propres de l'esprit, et se réalise en découvrant dans les faits observés les conditions nécessaires de toute pensée, qui sont celles de toute activité et de toute existence. L'observation, par conséquent, intervient en toute science pour lui offrir des sujets de développement, des occasions d'extension, des moyens d'analyse, sans lesquels la science périrait. La science est unité dans son principe; et toute unité a besoin d'une multiplicité pour se manifester et s'affirmer; cette multiplicité, l'observation seule la livre.

Ranimée et créatrice, la science deviendra aussitôt et spontanément traditionnelle. Elle saura saisir, à travers les âges et les variations de l'institution médicale, les principes et les vérités cliniques qui répondent aux conditions immuables de la nature vivante; elle verra ces principes acquérir une nouvelle démonstration à chaque fait découvert par l'analyse; et, en retour, donner à ce fait des clartés inattendues, l'enlever au monde des apparences vides, pour l'amener à l'existence réelle et scientifique. La tradition médicale se révélera dans sa plénitude à ceux qui l'aborderont de la sorte. Ce ne sera plus une collection morte, une suite d'œuvres vieillies, auxquelles on rend un culte servile; elle ne fermera pas la voie du progrès à ceux qui s'inspireront d'elle; elle n'éteindra pas les luttes et le mouvement sans lesquels toute science languit et tombe dans les faiblesses du nominalisme. Non, la tradition médicale revivifiée deviendra vraiment l'aliment des forts, le commencement et la condition de toute vraie médecine, l'initiatrice puissante de toutes les conquêtes de l'art. Elle donnera au médecin ce sens rare et précieux des progrès durables; elle lui fera discerner, d'un coup d'œil rapide et sûr, le progrès réel et bienfaisant de ce faux progrès si commun parmi nous, et qui fascine aisément ceux qui ne savent pas lui opposer la résistance des saines et fortes certitudes.

Si l'on nous demandait d'indiquer le trait qui sépare le plus nettement Chomel de Broussais et de Magendie, nous le trouverions dans ce seul fait que Chomel ne prétendit pas créer une science et un art nouveaux. Sans avoir profondément pénétré dans les éléments vivaces de notre passé, il le respecta habituellement, et jamais il n'osa dire : Jusqu'ici la médecine a erré dans les ténèbres, ou est restée à l'état d'enfance. Il n'a pas aspiré à la gloire suspecte des réformateurs violents, ni au rôle d'un novateur hardi. Les préjugés surgissaient autour de lui et l'atteignaient : cependant son bon sens a résisté aux illusions de ceux qui pensent que l'avenir réserve à leurs efforts continués une médecine régénérée et même nouvelle. Il n'a pas pris à la lettre les prédictions que portaient les expérimentateurs de son temps, ni cru que l'ancienne observation médicale fût destinée à ne laisser qu'un souvenir lointain, et qui n'aurait bientôt d'autre charme que celui de rappeler un temps d'heureuse imagination et d'incertitudes vaincues aujourd'hui par les sévérités de la méthode expérimentale; souvenir pareil à celui que l'homme, lentement mûri par les durs enseignements de la vie, garde du temps de ses premiers élans et de ses jeunes erreurs.

C'est ce sentiment juste des réalités médicales qui a donné au rôle de Chomel le caractère utile qu'il faut lui reconnaître; c'est de là que provient sa supériorité pratique. Nous pouvons le dire en face de trop fameux exemples : il faut, en médecine, haïr les réformateurs outrés, les promoteurs et les faiseurs d'une science nouvelle, les prophètes, même convaincus, d'une science future. Ces savants, quelle renommée qu'ils acquièrent, exercent une funeste influence; les progrès qu'ils annoncent ne sont pas seulement un leurre, mais un danger; car ils détruisent la vraie science, en en voulant créer une qui prenne date à leurs travaux. Plus on médite sur l'évolution de la médecine, plus on voit que pour obtenir des progrès réels, il faut posséder, aimer le passé, et s'en faire le continuateur dévoué. Le présent a pour mission de réformer des erreurs, de découvrir des applications, des développements, des vérités plus ou moins préparées par les travaux antérieurs; mais il faut que le labeur du jour se relie au labeur des temps qui précèdent, et semble en découler comme d'une inépuisable source. Le médecin qui renie les méthodes et les principes qui ont servi avant lui à l'avancement de la science, est un systématique ou un aveugle. C'est une fatale erreur de croire que la découverte d'un moyen, d'un procédé d'exploration, va changer tout ce qui a été fait, et renouveler dans leur entier les connaissances acquises. Un moyen nouveau d'analyse fournira des faits analytiques nouveaux; mais c'est tout : les lois suprêmes de la médecine, les vérités premières et essentielles, les méthodes et la doctrine qu'elles affirment, n'en sauraient être atteintes. S'il en était autrement, il n'y aurait jamais de science constituée; l'incertitude et le changement seraient l'éternelle condition de toutes nos connaissances. La notion doctrinale de la vie est, pour toujours, destinée à dominer notre science, à diriger toutes ses applications, à fournir la raison dernière des phénomènes organiques. Toute histoire de la vie et de ses affections qui ne relèvera pas directement de cette notion souveraine, restera nécessairement une histoire empirique, sans portée réelle, sans application légitime. L'étendue de l'analyse et de la connaissance expérimentale des faits ne saurait modifier ce caractère inférieur.

Tel fut donc le bonheur de Chomel : il ne se crut pas appelé à créer une médecine nouvelle; il n'entrevoyait pas une médecine de l'avenir destinée à effacer celle que le temps a consacrée. Broussais et Magendie eurent ces audaces, et l'on a vu où elles les avaient conduits. Le même sort attend ceux qui aujourd'hui nourrissent les mêmes espérances et émettent de pareilles prétentions. Il n'y a d'autre médecine dans l'enfance que celle qu'ils nous font ou qu'ils nous préparent. Oui celle-là est vraiment dans l'enfance, et elle est destinée à n'en jamais sortir.

Paris. — Imprimerie de E. MARTINET, rue Mignon, 2.

www.ingramcontent.com/pod-product-compliance
Ingram Content Group UK Ltd.
Pitfield, Milton Keynes, MK11 3LW, UK
UKHW012252240726
13966UKWH00004B/1399